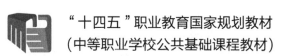

"十四五"职业教育国家规划教材

（中等职业学校公共基础课程教材）

U0290008

信 息 技 术

（拓展模块）

——实用图册制作+数字媒体创意+个人网店开设

总主编　蒋宗礼

主　编　孙谦之　范　瑾　虞丽燕

电子工业出版社

Publishing House of Electronics Industry

北京·BEIJING

内 容 简 介

本书紧密结合中等职业教育的特点，联系计算机教学的实际情况，突出技能和动手能力训练，重视提升学科核心素养，符合中职学生学习信息技术要求。

本书对应《中等职业学校信息技术课程标准》拓展模块 3、拓展模块 6 和拓展模块 8，与《信息技术（基础模块）（上册）》和《信息技术（基础模块）（下册）》配套使用。

本书可作为中等职业学校各类专业的公共课教材，也可作为信息技术应用的培训教材。

图书在版编目（CIP）数据

信息技术：拓展模块. 实用图册制作+数字媒体创意+个人网店开设 / 孙谦之，范瑾，虞丽燕主编 . —北京：电子工业出版社，2022.8

ISBN 978-7-121-43384-9

Ⅰ．①信…　Ⅱ．①孙…　②范…　③虞…　Ⅲ．①电子计算机—中等专业学校—教材　Ⅳ．①TP3

中国版本图书馆 CIP 数据核字（2022）第 074904 号

责任编辑：柴　灿　　文字编辑：张　广
印　　刷：北京盛通印刷股份有限公司
装　　订：北京盛通印刷股份有限公司
出版发行：电子工业出版社
　　　　　北京市海淀区万寿路 173 信箱　邮编　100036
开　　本：880×1 230　1/16　印张：7.25　字数：167.04 千字
版　　次：2022 年 8 月第 1 版
印　　次：2024 年 12 月第 3 次印刷
定　　价：17.60 元

凡所购买电子工业出版社图书有缺损问题，请向购买书店调换。若书店售缺，请与本社发行部联系，联系及邮购电话：（010）88254888，88258888。

质量投诉请发邮件至 zlts@phei.com.cn，盗版侵权举报请发邮件至 dbqq@phei.com.cn。

本书咨询联系方式：（010）88254550，zhengxy@phei.com.cn（郑小燕）。

出版说明

为贯彻新修订的《中华人民共和国职业教育法》，落实《全国大中小学教材建设规划（2019-2022年）》《职业院校教材管理办法》《中等职业学校公共基础课程方案》等要求，加强中等职业学校公共基础课程教材建设，在国家教材委员会统筹领导下，教育部职业教育与成人教育司统一规划，指导教育部职业教育发展中心具体组织实施，遴选建设了数学、英语、信息技术、体育与健康、艺术、物理、化学等七科公共基础课程教材，并于2022年组织按有关新要求对教材进行了审核，提供给全国中等职业学校选用。

新教材根据教育部发布的中等职业学校公共基础课程标准和有关新要求编写，全面落实立德树人根本任务，突显职业教育类型特征，遵循技术技能人才成长规律和学生身心发展规律，围绕核心素养培育，在教材结构、教材内容、教学方法、呈现形式、配套资源等方面进行了有益探索，旨在打牢中等职业学校学生科学文化基础，提升学生综合素质和终身学习能力，提高技术技能人才培养质量。

各地要指导区域内中等职业学校开齐开足开好公共基础课程，认真贯彻实施《职业院校教材管理办法》，确保选用本次审核通过的国家规划新教材。如使用过程中发现问题请及时反馈给出版单位和我司，以便不断完善和提高教材质量。

教育部职业教育与成人教育司

2022年8月

前　言

习近平总书记在中央网络安全和信息化领导小组第一次会议上强调，当今世界，信息技术革命日新月异，对国际政治、经济、文化、社会、军事等领域发展产生了深刻影响。信息化和经济全球化相互促进，互联网已经融入社会生活方方面面，深刻改变了人们的生产和生活方式。

目前，信息技术已成为支持经济社会转型发展的重要驱动力，是建设创新型国家、制造强国、网络强国、数字中国、智慧社会的基础支撑。因此，了解信息社会、掌握信息技术、增强信息意识、提升信息素养、树立正确的信息社会价值观和责任感，正成为现代社会对高素质技术技能人才的基本要求。

本套教材以教育部发布的《中等职业学校信息技术课程标准》为依据，全面落实立德树人根本任务，紧密结合职业教育特点，密切联系中职信息技术课程教学实际，突出技能训练和动手能力培养，符合中等职业学校学生学习信息技术的要求。本套教材对接信息技术的最新发展与应用，结合职业岗位要求和专业能力发展需要，着重培养支撑学生终身发展、适应新时代要求的信息素养。本套教材坚持"以服务为宗旨，以就业为导向"的职业教育办学方针，充分体现以全面素质为基础，以能力为本位，以适应新的教学模式、教学制度需求为根本，以满足学生和社会需求为目标的编写指导思想。在编写中，力求突出以下特色：

1. 注重课程思政。课程思政是国家对所有课程教学的基本要求，本套教材将课程思政贯穿于全过程，帮助教学者理解如何将思政元素融入教学，以润物无声的方式引导学生树立正确的世界观、人生观和价值观。

2. 贯穿核心素养。本套教材以提高实际操作能力、培养学科核心素养为目标，强调动手能力和互动教学，更能引起学习者的共鸣，逐步增强信息意识、提升信息素养。

3. 强化专业技能。本套教材紧贴信息技术课程标准的要求，组织知识和技能内容，摒弃了繁杂的理论，能在短时间内提升学习者的技能水平，对于学时较少的非信息技术类专业学生有更强的适应性。

4. 跟进最新知识。涉及信息技术的各种问题多与技术关联紧密，本套教材以最新的信息技术为内容，关注学生未来，符合社会应用要求。

5. 构建合理结构。本套教材紧密结合职业教育的特点，借鉴近年来职业教育课程改革和教材建设的成功经验，在内容编排上采用了任务引领的设计方式，符合学生心理特征和认知、技能养成规律。内容安排循序渐进，操作、理论和应用紧密结合，趣味性强，能够提高学生的学习兴趣，培养学生的独立思考能力、创新和再学习能力。

6. 配备教学资源。本套教材配备了包括电子教案、教学指南、教学素材、习题答案、教学视频、课程思政素材库等内容的教学资源包，为教师备课、学生学习提供全方位的服务。

在实施教学时，教师要创设感知和体验信息技术的应用情境，提炼计算思维的形成过程和表现形式，要以源自生产、生活实际的实践项目为引领，以典型任务为驱动，通过情境创设、任务部署、引导示范、实践训练、疑难解析、拓展迁移等教学环节，引导学生主动探究，将生产、生活中遇到的问题与信息技术融合关联，找寻解决问题的方案。在情境和活动中培养学生的信息意识，逐步培养计算思维，不断提升数字化学习与创新能力，鼓励学生在复杂的信息技术应用情境中，通过思考、辨析，做出正确的思维判断和行为选择，履行信息社会责任，自觉培育和践行社会主义核心价值观。学生在学习时要自觉强化为中华民族伟大复兴而奋斗的使命感，增强民族自信心和爱国主义情感，弘扬工匠精神，培养创新创业意识，以"做"促"学"，以"学"带"做"，在"学、做、评"循环中不断提升学习能力和信息应用能力。

本书对应《中等职业学校信息技术课程标准》拓展模块 3、拓展模块 6 和拓展模块 8，与《信息技术（基础模块）（上册）》（ISBN 978-7-121-41249-3，电子工业出版社）和《信息技术（基础模块）（下册）》（ISBN 978-7-121-41248-6，电子工业出版社）配套使用。

本套教材由蒋宗礼教授担任总主编，蒋宗礼教授负责推荐、遴选部分作者，提出教材编写指导思想和理念，确定教材整体框架，并对教材内容进行审核和指导。

本书由孙谦之、范瑾、虞丽燕担任主编。其中，模块 3 由虞丽燕编写，模块 6 由孙谦之、张智晶、杨宏慧、侯广旭、丁文慧编写（任务 1 由孙谦之、杨宏慧、侯广旭编写，任务 2 由张智晶、丁文慧编写），模块 8 由范瑾、李飞编写（任务 1～任务 4 由范瑾编写，任务 5 由范瑾、李飞编写）。姜志强、赵立威、高玉民、陈瑞亭等专家从新技术、行业规范、职业素养、岗位技能需求等方面提供了相关资料、素材和指导性意见。

书中难免存在不足之处，敬请读者批评指正。

本书咨询反馈联系方式：（010）88254550，zhengxy@phei.com.cn（郑小燕）。

编　者

目　　录

模块 3　实用图册制作

模块 6　数字媒体创意

模块 8　个人网店开设

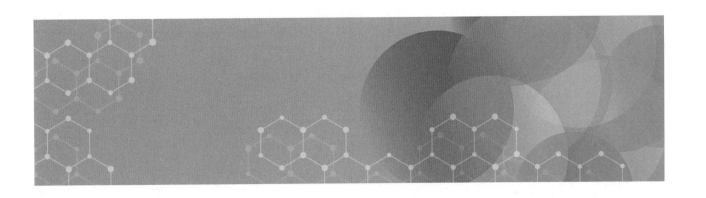

模块 3　实用图册制作

随着社会和经济的快速发展，企业间的竞争也越来越激烈，每个企业都在想方设法地找到突破口去宣传和提高企业形象。一本高质量的企业图册已经成为一个企业不可或缺的对外宣传和展示的重要工具。

本模块就针对图册的制作流程和制作方法进行详细阐述。希望读者能够从中学到图册制作的相关知识和技能，从而实现制作实用图册的目标。

职业背景

近年来，随着网络技术的不断发展以及大众浏览方式的改变，平面广告设计行业越来越受到人们的青睐，从事广告设计的人员被称平面广告设计师。Photoshop 是图像处理、平面设计等领域的常用软件之一。在一些常规的广告公司中，平面广告设计师的主要工作和任务是按照客户的要求设计企业标志、海报、图册等相关物品。通过对企业标志、海报、图册的制作及展示，达到宣传企业的作用。

图册就是一个展示平台，通过这样的平台可以将企业或个人的形象、风貌、理念、产品或作品等展现出来，从而让别人有更进一步的了解。图册是一种图文并茂的表达形式，通常图案的数量要比文字多一些。图册的优势在于将信息表现得足够醒目，能让人一目了然，而且通过精简的文字对图形进行概述说明，更进一步体现了图册设计的魅力。

学习目标

1. 知识目标

（1）了解图册设计的基本步骤。

（2）了解 Logo 设计的基本要求。

（3）了解常用图册封面、内页、封底的排版方法。

2. 技能目标

（1）熟练掌握 Photoshop 软件中基本工具的使用方法。

（2）根据客户需求，能够确定图册的内容和风格。

（3）根据客户需求和企业特点，能够设计与制作 Logo 图标。

（4）根据客户需求，结合自己的想法和设计理念，能够设计与制作图册封面、内页、封底。

（5）根据客户需求，能够设置产品的大小和分辨率。

（6）培养设计与制作实用图册的技巧和能力。

（7）能够熟练制作实用简易的图册。

3. 素养目标

（1）培养遵纪守法、保守秘密、实事求是、讲求时效、忠于职守、谦虚谨慎、团结协作、爱护设备、爱岗敬业、无私奉献、服务热情、尊重知识产权的职业素养。

（2）在设计与制作图册的过程中，培养学生具备一定的色彩搭配知识与处理技巧及审美能力。

任务 1　确定图册风格及内容

图册设计的成败取决于前期的设计定位。前期一定要与客户进行沟通，根据客户的需求，确定图册的风格和内容。通过本任务的学习，可以更好地了解如何确定图册风格和内容的基本步骤及相关知识，为图册的设计把好第一道关。

◆　**任务描述**

学校图文制作社团接到一个中餐厅的图册设计制作任务，要求设计餐厅 Logo 及餐饮宣传图册，该中餐厅主要经营的食品主要有北京烤鸭、川菜和湘菜系列，主要面向群体是年轻人。

◆　**任务目标**

（1）了解图册设计的基本步骤。

（2）能够根据客户的需求，确定图册展示内容。

（3）能够根据展示内容，确定色彩的搭配。

3.1.1　工作流程

1. 图册设计的基本步骤

（1）明确图册的用途。

在做一件事之前，首先要知道做这件事的目的是什么，这样才能做到有的放矢、少走弯路。某科技公司产品手册的封面如图 3-1 所示。

（2）确定图册设计理念。

设计师要与用户充分沟通，充分了解用户需求，确定设计理念。设计理念可大可小，大到思想层面，小到个人喜好，如图 3-2 所示。

图 3-1　某科技公司产品手册的封面

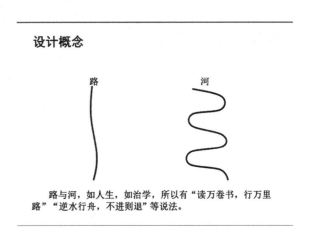

图 3-2　设计理念

（3）确定图册风格。

图册的类型可以分为很多种，如企业型图册、宣传型图册、产品型图册等。图册不同，设计理念不同，图册的风格也会有所不同。简洁风格的图册如图 3-3 所示。

图 3-3　简洁风格的图册

（4）确定图册主色调。

色调指的是一幅画中画面色彩的总体倾向，也就是大的色彩效果。在众多色调中，以一种色调为主的色调，称为主色调。图册主色调的确定需要根据图册的用途、介绍的内容等综合因素确定。以绿色为主色调的图册如图3-4所示。

图3-4　以绿色为主色调的图册

2．任务实施

根据上述制作图册的一般步骤，首先要对公司进行了解并搜集资料。该公司名为"开心中餐厅"，主营中餐包括北京烤鸭、川菜、湘菜等近几年较流行的年轻人喜欢的美食。根据客户需求，需要为该餐厅设计一个代表餐厅形象的Logo，以及宣传餐厅特色美食的图册，以此更好地对餐厅进行宣传，从而吸引更多的顾客。

根据客户需求，确定图册内容包括图册封面、介绍北京烤鸭内页、介绍川菜内页、介绍湘菜内页、图册封底五个部分。

根据与客户的进一步沟通和对消费人群的调查问卷，确定以黑色和橘色为主色调，整个图册设计主打简约风格。黑色代表沉稳、安静，橘色代表活力、温暖，沉稳中不失活力，安静中不失温暖，让辛苦工作的顾客在用餐时感受到安静和温暖。

3.1.2　知识与技能

根据图册制作的基本步骤，下面从图册的种类、风格、内容、色调、制作过程中的规范及注意事项进行详细的阐述。

1. 图册的种类

（1）综合型图册。

综合型图册是全面展示一个单位的规模、文化、科技、团队、产品、市场、服务、前景展望等优势的图册，适合具有一定规模或正处于快速发展阶段的单位。综合型图册在注重提升单位整体形象的同时，采用篇章分别阐述的设计思路能让阅读者全面地认识和了解该单位，是一个单位形象的综合展示，适用于一个单位的接待、会展、交流、招商等场合。

（2）招商型图册。

招商型图册注重对企业的科技研发、产品优势、品牌优势、合作理念、市场前景等部分内容进行重点描述，适用于市场扩展、新产品上市、产品转型及产品升级换代的企业。此类图册的使用周期比较短。根据市场和产品的变化，需要对图册的部分内容进行更新。

（3）产品型图册。

产品型图册一般可以理解为产品手册，除了对企业情况进行简单介绍，更多的是介绍企业的系列产品、产品特点、成功案例和代表成就。这类图册适用于系列产品多、代理商不同、分销店分散、市场推广工作量大、有新产品上市的企业。产品型图册注重的是对产品外形、功能特点、使用方法的传达，是提升企业品牌、强化市场网络、促进产品销售的重要道具。

（4）形象型图册。

形象型图册适合大型企业、政府、银行、学校、医院等单位使用。形象型图册的主要功能是建立、提升企业形象，提高企业品牌的认知度和美誉度，增强企业影响力和社会公信力。形象型图册通过文字和图片的设计，重在传达企业的文化、思想和理念。

2. 图册的风格

根据上述图册用途和客户的需求，可以确定图册的风格。

图册的风格大致可分为简洁型、典雅型、幽默型及后现代型。

（1）简洁型—简洁的现代主义图册风格。

这种风格源自现代主义艺术的设计，形成了一种广泛使用的简洁的现代主义风格，图册中画面感强烈，使用规范化的字体。

（2）典雅型—典雅细腻的古典主义图册风格。

这种风格色调沉稳，选用带装饰面的字体或流畅的手写体，行距大，常富有装饰性大写首字母，文字图形排列整齐。注意对传统符号、艺术形式的借用。

（3）幽默型—幽默谐趣的图册风格。

幽默谐趣的设计风格常常能给人们的生活带来一些乐趣。这种风格的图册一般通过和图形设计结合，同时运用有变形的手写文字。文字排列方式自由，常有沿着弧线、折线等曲线设计图册中的文字，且字号的大小也不要求完全统一，会有跳跃性的特大或特小文字。有的图册在设计时会借用图形的手法，把图册中的文字当作图形来设计。

（4）后现代型—后现代游戏的图册风格。

借用"后现代"一词，是因为很多年轻人在成长过程中，从小就接触电子产品、计算机游戏，生活在虚拟和真实交织的世界里。所以，有人说他们的风格就是"没有风格"。同时，图册设计过程对于他们来说也是"游戏"过程。

3. 确定图册内容

图册的内容主要由客户确定，根据客户确定的内容，设计与制作者收集或制作相关素材，然后将素材有机地组合在图册中，以实现客户的要求。

（1）根据内容制作或收集素材。

图册主要由图片和少量的文字组成，在设计制作之前需要收集或制作相关图片，整理文字内容。图片最好为原创，如产品的外形图、内部结构图、细节图等。拍摄图片后要对其进行适当处理，以达到图册制作的要求。文字资料以客户提供的为准，特别是产品介绍、企业文化之类的内容，设计者可以对其文字进行必要的润色与加工，但不能改变其实质内容。

（2）素材的归类与整理。

杂乱堆砌大量的素材不利于图册的设计与制作。设计者可以根据客户的要求将素材进行归类整理，最好是细致到每一个页面，以一个页面为一个存储单元存放素材，这样能提高设计制作的效率。

4. 图册的色调

色调是颜色的重要特征，它是决定颜色本质的根本特征。在大自然中，经常会见到这样一种现象：不同颜色的物体或被笼罩在一片金色的阳光之中，或被笼罩在一片轻纱薄雾似的、淡蓝色的月色之中，或被秋天迷人的金黄色所笼罩，或被统一在冬季银白色的世界之中。这种在不同颜色的物体上，笼罩着某一种色彩，使不同颜色的物体都带有同一色彩倾向，这种色彩现象就是色调。

色调分为暖色调与冷色调：红色、橙色、黄色为暖色调，象征着太阳与火焰；绿色、蓝色、黑色为冷色调，象征着森林、大海和蓝天；灰色、紫色、白色为中间色调。冷色调的亮度越高，其给人的整体感觉越偏暖；暖色调的亮度越高，其给人的整体感觉越偏冷。冷暖色调也只是相对而言的，比如，在红色系中，大红色与玫红色在一起的时候，大红就是暖色，而玫红就被看作冷色；又如，玫红与紫罗兰同时出现时，玫红就是暖色。

5. 图册制作注意事项和规范

（1）创意设计。

在图册版式的创意设计上，要符合企业的整体形象，要明确企业想传播什么、表达什么，要明确企业的精神和文化是什么。在设计图册版式时，应该符合"企业"这一核心，切忌喧宾夺主，应该注重视觉元素的统一。

（2）图册设计风格统一。

企业图册是企业的"半边脸"，企业图册的设计在视觉上一定要保证风格的统一。在图册的设计中，从标题、正文，到页眉、页脚，字体的选择和运用要做到统一，让人便于识别。

（3）图册内容简洁并突出重点。

图册内容的设计一定要简洁，突出重点。企业图册的目的是让消费者了解并记住企业形象或产品形象。过于复杂的宣传册不利于信息的准确传播。企业图册传递的是企业的内涵、产品的卖点，只有简洁的设计才会快速、准确地传递信息。

企业图册是企业与合作者之间沟通的桥梁，是企业向消费者传达企业良好形象的桥梁，这座桥造的好与坏，直接关系到企业能否通过这本图册达到自我宣传的目的，甚至能够影响企业的效益。

（4）图册封面需要大方美观。

封面是整本图册给人的第一印象，设计是否大方、美观，也直接影响观看图册的客户对企业的第一印象。

（5）印刷工艺及内页纸张。

一本图册能否让人感觉高档，除了图册封面之外，就是内页的纸张质量及印刷工艺的水平。纸张质量好、印刷工艺水平高，对于提高整本宣传图册的品位有很大帮助。

任务 2　制作图册封面 Logo

在企业宣传过程中，Logo 是目前应用最广泛，也是出现频率最高的元素之一。图册作为企业宣传的一种方式，将企业的 Logo 加入图册中，更能提高企业的辨识度。本任务通过对标志的分类、设计标志的基本步骤等的学习及对 Photoshop 的文件基本操作、选区、文字、钢笔工具等操作的学习，完成 Logo 的设计与制作。

任务描述

根据客户的需求，为中餐厅设计 Logo，要求简洁明了、富有寓意，并体现出中餐厅的特色，让客户记住本餐厅的名字。

◆ **任务目标**

（1）根据客户需求，设计并制作 Logo。

（2）课后完善 Logo 的制作，欣赏优秀的 Logo 图标。

（3）了解 Photoshop 的工作界面。

（4）掌握 Photoshop 的文件基本操作。

（5）课后熟练 Photoshop 钢笔工具的使用。

3.2.1　工作流程

1. 开心中餐厅的 Logo 设计

开心中餐厅是一家集各地美食的综合中餐厅，其主要消费人群为包容性较强的年轻人，特色菜肴是北京烤鸭、川菜、湘菜等。如图 3-5 所示，该 Logo 以橘色、黑色为主色调，黑色代表沉稳，橘色代表活力。沉稳而不失活力，正是年轻人所喜欢的。另外，最外圈一个圆表示大家团聚在一起，圆里面上方是一个盖子，中间是"开心中餐厅"文字，且将"中"的一竖用筷子代替，各有特色，突出餐厅名字，下方半圆图形形似碗又形似笑脸，碗是中餐厅的象征，笑脸和餐厅名字相呼应，让人一看到这个 Logo 就能记住餐厅名字。

2. 开心中餐厅的 Logo 制作

操作步骤如下：

（1）打开 Photoshop CC 软件，在自动弹出的对话框中，单击"新建"选项，在弹出的"新建文档"对话框中，设置宽度为"10 厘米"，高度为"10 厘米"，分辨率为"300 像素/英寸"，颜色模式为"CMYK 颜色"，"新建文档"对话框参数设置如图 3-6 所示。

（2）选择工具栏中的"椭圆选框工具" ⬭，按住【Shift】键的同时，在画布上进行拖曳，绘制一个大小合适的正圆选区。单击图层面板右下方的"新建图层"按钮 ▣，实现新建图层，此时图层面板中，出现一个名为"图层 1"的图层，双击"图层 1"文字，将其重命名为"圈 1"。单击工具栏中的"前背景色"图标 ◼ 中的前景色（上面的是前景色，下面的是背景色），此时弹出"拾色器（前景色）"对话框，如图 3-7 所示。将前景色设置为橙色（#efa22c），按【Alt+Delete】组合键，此时正圆选区就以前景色填充，如图 3-8 所示。

图 3-5　Logo 最终效果图

图 3-6　"新建文档"对话框参数设置

图 3-7　"拾色器（前景色）"对话框设置

图 3-8　填充橙色后的正圆选区

（3）单击"选择"菜单中的"变换选区"子菜单，此时出现变换框。按住【Alt+Shift】组合键，将鼠标放置在变换框的右上角进行拖曳，此时对椭圆选框进行中心点不变的等比例缩放，缩放到合适的大小后按【Enter】键确认变换，再按【Delete】键删除中间部分，留下一个细圆环，如图 3-9 所示。

（4）新建图层，重命名为"碗"，用上述操作步骤（2）（3）的方法，制作第二个圆环，并且单击"矩形选框工具"按钮 □ ，选择圆环上半部分并按【Delete】键删除选中部分，留下下半部分圆环。制作效果如图 3-10 所示。

（5）新建图层，重命名为"线条"，单击"直线工具"按钮 ✓ ，绘制直线，制作"碗"的形状。"碗"图形制作效果如图 3-11 所示。

（6）新建图层，重命名为"嘴巴"，用上述操作步骤（4）（5）的方法，制作"嘴巴"的形状，设置嘴巴填充颜色为"#efa22c"。"嘴巴"图形制作效果如图 3-12 所示。

图 3-9　椭圆选框工具绘制圆环

图 3-10　内圈半圆环制作效果

图 3-11　"碗"图形制作效果

图 3-12　"嘴巴"图形制作效果

（7）选择"横排文字工具"按钮 **T**，在需要添加文字的画布中单击，此时图层面板会出现一个文字图层，输入"开心　餐厅"文字，在文字属性栏中设置字体为"方正粗活意简体"，大小为 26，颜色为黑色。文字添加效果如图 3-13 所示。

（8）选择"横排文字工具"按钮 **T**，在需要添加文字的画布中单击，输入"HAPPY CHINESE　RESTAURANT"文字，在文字属性栏中设置字体为"Arial"，样式为"Bold"，大小为 10，颜色为黑色。

（9）同理，用上述操作步骤（7）的方法，在"开心"和"餐厅"中间输入"中"，字体字号颜色与上述文字一样，右击"中"图层，选择"栅格化文字"，单击"橡皮擦"按钮 ，将"中"字的竖线擦除。

（10）选择"矩形工具"按钮 **□**，将前景色设置为"#cb291e"，在属性栏的"选择模式工具"中选择"形状"，绘制一个矩形框，此时图层面板中会自动出现一个形状图层，将该图层重命名为"筷子"，按【Ctrl+T】组合键，右击"斜切"选项，调整矩形框上端，制作出筷子上细下粗的形状。最后复制粘贴"筷子"图层，形成一双筷子的形状，放置在合适的位置。文字添加最终效果如图 3-14 所示。

图 3-13　文字添加效果

图 3-14　文字添加最终效果

（11）新建图层，图层重命名为"盖子"，利用"钢笔工具"按钮，在"钢笔工具"属性栏里的"选择模式工具"中选择"路径"，绘制一个盖子路径，调整路径直到合适位置，如图 3-15 所示。按【Ctrl+Enter】组合键，将路径转换成选区，设置前景色为橙色，按【Alt+Delete】组合键，将盖子用前景色填充为橙色，如图 3-16 所示。Logo 最终效果如图 3-17 所示。

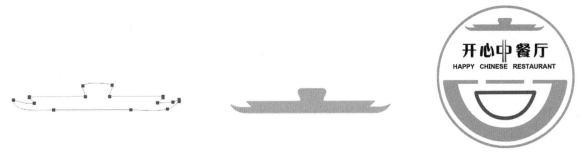

图 3-15　盖子的路径绘制　　　　图 3-16　盖子的填充效果　　　　图 3-17　Logo 最终效果

（12）选择"文件"菜单中的"存储"命令，将该作品保存为"Logo.psd"和"Logo.jpg"。至此，Logo 设计与制作完成。

3.2.2　知识与技能

标志是一种富含某种象征意义的图形，向人们表达一定的含义和信息。标志是在企业形象宣传过程中，应用最广泛、出现频率最高、也是最关键的元素之一。一个好的标志能够给人留下深刻的印象，给企业带来更多的效益。

1. 标志的概念

标志是表明事物特征的记号。它以单纯、显著、易识别的图像、图形或文字符号为直观语言，除标示什么、代替什么外，还具有表达意义、情感和指令行动等作用。

2. 标志的分类

标志按照使用的功能可分为商标、徽标、标识、企业标志、文化性标志、社会活动标志、社会公益标志、服务性标志、交通标志、环境标志、标记、符号等。标志作为人类相互联系的直观方式，在社会活动与生产活动中无处不在，也越来越显示出其重要的、独特的功用。例如，国旗、国徽、公共场所标志、交通标志、安全标志、操作标志等，各种国内外重大活动、会议、运动会、邮政运输、金融财贸、机关、团体、公司及个人等的图章和签名等，几乎都是表明自己特征的标志。随着国际交往的日益频繁，标志的直观、形象、不受语言文字限制等特性有利于国际间的交流与应用，因此，标志得以迅速推广和发展，成为视觉传达最有效的手段之一。越来越多的公司和个人在创业初期就意识到了设计标志的重要性。

3. 标志的特点

（1）功用性。

标志的本质在于它的功用性。虽然具有观赏价值，但标志不是供人观赏的，而是因为它具有实用性，具有不可替代的独特功能。具有法律效力的标志尤其兼有维护权益的特殊使命。

（2）识别性。

标志最突出的特点是易于识别。显示事物自身特征，标示事物间不同的意义、区别与归属是标志的主要功能。

（3）显著性。

显著性是标志的又一重要特点。除隐形标志外，绝大多数标志的设置就是要引起人们的注意。因此，色彩应强烈醒目，图形应简练清晰。

（4）多样性。

标志种类繁多、用途广泛，无论从其应用形式、构成形式还是表现手段来看，都有着极其丰富的多样性。其应用形式，不仅有平面的、立体的，由具象、意象、抽象图形构成的，还有以色彩构成的。多数标志是由几种基本形式组合构成的。

（5）艺术性。

经过设计的标志都具有某种程度的艺术性，既符合实用要求，又符合美学原则。一般来说，艺术性强的标志更能吸引和感染人，给人以强烈、深刻的印象。

（6）准确性。

标志无论要说明什么、指示什么，无论是寓意还是象征，其含义必须准确。尤其是公共标识，首先要易懂，符合人们的认识心理和认识能力。其次要准确，避免意料之外的多解或误解，尤应注意禁忌。让人在极短时间内对内容一目了然、准确领会含义，这正是标志优于语言之处。

（7）持久性。

标志与广告或其他宣传品不同，一般都具有长期使用价值，不会轻易改动。

4. 设计标志的原则与步骤

创意的想法、恰当的艺术表现形式和简练、概括的表现手法，使标志具有高度的整体美感及最佳的视觉效果。实际上，标志就是凝练出来的单纯易记的符号。

第一，了解对象的使用目的、适用范畴及有关法规等，在深刻领会其功能性要求的前提下进行设计。

第二，要考虑作用对象的直观接受能力、审美意识、社会心理和禁忌。

第三，构思时要具体问题具体分析，力求深刻、巧妙、新颖、独特，表意准确，能经受住时间的考验。

第四，构图布白守黑要凝练、美观、富有新意。图形、符号既要简练、概括，又要说明问题。

第五，色彩运用要简单、富有变化。颜色是根据具体的寓意进行具体分析的。颜色是有感觉的，颜色之间分冷暖、距离、轻重、软硬等。颜色也是有情绪的，一种颜色可表达两种情绪，如红色的积极情绪是活力、希望，红色的消极情绪就是危险、恐怖。要以内容定颜色，如蓝色多用在电子、通信、科技方面，绿色多用在农业、林业等领域。各种颜色都有各自的特点，请读者多多探索。

5. 优秀 Logo 作品欣赏

优秀 Logo 作品示例如图 3-18～图 3-21 所示。

图 3-18　某咖啡 Logo

图 3-19　某文化旅游公司 Logo

图 3-20　某水果连锁店 Logo

图 3-21　某宠物店 Logo

6. 认识 Photoshop CC 的工作界面

安装了 Photoshop CC 后，双击桌面快捷方式图标，可启动该软件，进入 Photoshop CC 的工作界面。Photoshop CC 的工作界面分为菜单栏、属性栏、工具箱、控制面板、图像窗口、工作区、状态栏等，如图 3-22 所示。

菜单栏 ———

属性栏 ———

工具箱 ———

状态栏　　　　　　图像窗口　　　　　　工作区　　　　　　控制面板

图 3-22　Photoshop CC 的工作界面

7. Photoshop 文件基本操作

（1）新建图像文件。

启动 Photoshop CC 后，选择菜单栏"文件"中的"新建"选项或者按【Ctrl+N】组合键，弹出"新建文档"对话框，如图 3-23 所示，在该对话框中可设置文档大小、分辨率、色彩模式、背景内容等。

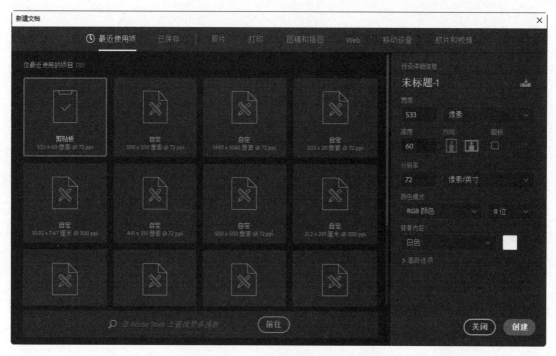

图 3-23　"新建文档"对话框

（2）打开图像文件。

在制作作品过程中需要打开素材，就要用到图像文件的打开操作，选择菜单栏"文件"中的"打开"选项或者按【Ctrl+O】组合键，弹出"打开"对话框，如图 3-24 所示，选择合适的路径和对象即可。

图 3-24　"打开"对话框

（3）保存图像文件。

在制作图像文件的过程中，需要一边制作一边保存，以避免因为意外情况而丢失正在制作的文件。选择菜单栏"文件"中的"存储"或"存储为"选项，弹出"另存为"对话框，输入文件名，选择所要保存的文件类型即可，包括：

① 保存新建的图像文件。

② 保存已有的图像文件。

③ 另存为图像文件。

8. 图层

图层是 Photoshop 的重点学习内容。图层概念的提出，给图像编辑带来了极大的便利。可以把图层比喻成一张张透明的纸，在多张纸上画了不同的东西，然后叠加起来，就成为一幅完整的画。通过图层的透明区域，可以看到下面的图层内容。

图层面板是 Photoshop 任何操作都会用到的面板，如图 3-25所示。使用图层面板可以更方便地控制图层，在其中可以添加、

图 3-25　图层

删除图层、更改图层名称、调整图层不透明度、添加图层样式、调整图层混合模式和合并图层。

（1）选择图层。

在 Photoshop CC 中可以选择一个或多个图层进行编辑处理。在图层面板中单击某一个图层时，该图层变为蓝色，即当前图层。可以通过以下方法选中多个图层。

①选择多个连续的图层：在图层面板中单击第一个图层，然后按住【Shift】键的同时单击最后一个图层。

②选择多个不连续的图层：按住【Ctrl】键的同时单击其他图层。

（2）新建图层。

方法一：通过单击"图层"面板下方的新建图层图标▢，产生新的空白新图层。

方法二：执行菜单中的"图层"→"新建"→"图层"命令。

（3）删除图层。

删除不需要的图层可以减少图像文件的大小，节约存储空间。删除图层的方法有以下几种。

方法一：选择要删除的图层，直接拖动到面板下方删除图标▣，即可删除该图层，相对应的图像也同时被删除。

方法二：通过图层面板下拉列表，选择"删除图层"选项即可。

方法三：执行菜单中的"图层"→"删除图层"命令。

9．钢笔工具

绘制路径的工具有"钢笔工具"🖊和"自由钢笔工具"🖊，利用它们可以进行任意形状的绘制，现主要介绍"钢笔工具"🖊。

"钢笔工具"可以绘制直线或曲线矢量图形，是具有最高精度的绘图工具。其属性栏如图 3-26 所示。

图 3-26　"钢笔工具"属性栏

形状：利用"钢笔工具"创建形状图层，在图层中会自动添加一个新的形状图层，即它产生的是一个图形形状而不是路径。

路径：选择该选项，使用"钢笔工具"绘制的图形，只产生图形的工作路径，而不产生形状图层，也没有填充色。

（1）绘制直线图形。

使用"钢笔工具"可以绘制的最简单路径是直线，方法是通过单击"钢笔工具"创建锚点，连续在不同的位置单击确定锚点，这样就能创建出直线图形，如图 3-27 所示。

（2）绘制曲线图形。

选择"钢笔工具"，按住鼠标左键的同时拖动鼠标，可以拖出一条方向线即调节柄，每条方向线的斜率决定曲线的弯曲度，每一条方向线的长度决定了曲线的高度或深度。连续弯曲路径可通过连续单击鼠标确定锚点位置并拖动鼠标来实现，从而完成曲线图形的绘制，如图 3-28 所示。

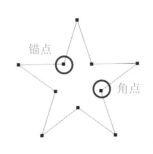

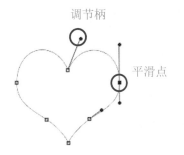

图 3-27　钢笔工具绘制直线图形　　　　图 3-28　钢笔工具绘制曲线图形

（3）绘制开放路径和闭合路径。

开放路径：在绘制过程中按住【Ctrl】键的同时在画面空白处单击鼠标，或按下【Esc】键结束路径绘制，即可绘制开放路径。

闭合路径：绘制路径时，描绘的路径已经回到起点，在钢笔工具的下端会出现小圆圈，此时单击起点即可创建闭合路径，如图 3-29 所示。

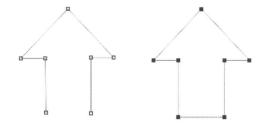

图 3-29　绘制开放路径和闭合路径

（4）路径的调整。

完成路径的绘制后，如果对路径不太满意，可以通过路径调整工具，调整或修改绘制好的路径。路径调整工具有以下五个。

"添加锚点工具" ：只要在路径上单击即可在单击处添加锚点。

"删除锚点工具" ：只要在路径的锚点上单击即可删除该锚点。

"转换点工具" ：使用该工具可以将角点和平滑点进行转换以便修整路径，即可以将直线变成曲线，将曲线变成直线。

"路径选择工具" ：用此工具在路径上单击可以选取整个路径并进行移动、复制、变形等操作。

"直接选择工具" ：用此工具可以选取单一的锚点或调节柄，并移动锚点的位置或改变调节柄的方向，以此调整曲线的弧度。

以上五个工具的综合使用可以调整路径直到满意为止。由于"直接选择工具" 和"转换点工具" 是最常用的路径调整工具，为了提高绘图效率，一般不会在各个工具之间单击切换，而是通过快捷键进行切换。

在绘制图形时，选择"钢笔工具"，按住【Ctrl】键，可将"钢笔工具"转换成"直接选择工具" ，松开【Ctrl】键，恢复"钢笔工具"即可继续绘制；选择"钢笔工具"，按住【Alt】键，可将"钢笔工具"转换成"转换点工具"，松开【Alt】键即可恢复"钢笔工具"；这样可以边绘制图形，边调整路径，大大提高了图形绘制的效率。

任务 3　制作图册封面

一本图册的封面设计的好坏，直接决定是否能够吸引客户的眼球，因此，图册的封面设计与制作就显得尤为重要。制作图册之前，首先要了解图册的常规尺寸及如何处理图片。本任务详细介绍图册的常规尺寸和剪贴蒙版的操作应用，完成对图册封面的设计与制作。

◆ **任务描述**

前期设计的标志的色调以橘色和黑色为主，根据客户的需求及保持风格色调统一，餐厅图册的整体风格和色调应与标志的相统一。本图册主要用来宣传餐厅经营的特色美食，为了达到宣传效果，封面上包括餐厅名称、餐厅标志及餐厅特色美食（北京烤鸭）。

◆ **任务目标**

（1）根据客户需求，规划封面框架。
（2）根据客户需求，设计并制作图册封面。
（3）熟练掌握剪贴蒙版的使用方法。

3.3.1　工作流程

1．规划封面框架

根据上面的任务描述，封面上要包括餐厅名称、餐厅标志及餐厅特色美食（北京烤鸭），所以选择了一张餐厅主打产品的大图放置在封面上。但考虑到图片不做修改地放置在封面上会显得单调，所以选择以拼接的方式完成大图的制作。另外再加上一些圆圈和线条进行装饰，使得整个封面简单而不失创意，效果图如图 3-30 所示。

封面是一本图册的门面，其重要性不言而喻，所以可以把封面和封底分开设计制作，最后再合并。与客户沟通后，客户要求图册采用长方形的版面，所以图册单页尺寸定为宽 21 厘米、高 28.5 厘米。考虑到图册的出血（印刷术语，即出血线）一般为 3 毫米，所以新建的封面的尺寸为 21.3 厘米×29.1 厘米。

2. 设计制作图册封面

设计制作图册封面的操作步骤如下。

（1）打开 Photoshop CC 软件，在自动弹出的对话框中单击"新建"选项，在弹出的"新建文档"对话框中，设置"宽度"为"21.3 厘米"，"高度"为"29.1 厘米"，"分辨率"为"300 像素/英寸"，"颜色模式"为"CMYK 颜色"，如图 3-31 所示。

图 3-30　图册封面效果图

图 3-31　"新建文档"对话框参数设置

（2）单击工具栏中的"前背景色"图标 中的前景色（上面是前景色，下面是背景色），此时弹出"拾色器"对话框，将前景色设置为黑色（#000000），按【Alt+Delete】组合键，将背景色图层填充为黑色。

（3）选择工具箱中的"圆角矩形工具" ，在属性栏的"选择工具模式"中选择"形状"，"半径"为"200 像素"，如图 3-32 所示。绘制一个圆角矩形，此时图层面板会出现一个新的图层，将其重命名为"圆角矩形 1"。调整对象到合适位置。

形状　填充：　描边：　1像素　　W: 519.28　H: 2278 像　　　半径：200 像

图 3-32　"圆角矩形"属性栏设置

（4）选中"圆角矩形 1"图层，按【Ctrl+J】组合键，复制一个圆角矩形图层，将其重命名为"圆角矩形 2"，并调整两个圆角矩形至封面两边直到合适位置。

（5）按照步骤（3）（4）的方法绘制两个稍小的圆角矩形，分别重命名图层为"圆角矩形 3"和"圆角矩形 4"，并调整位置至画布中间。选择工具箱中的"移动工具" ，此时属性栏中出现对齐和分布命令。按住【Shift】键，选中 4 个圆角矩形，选择"顶对齐"和"水平居中分布"，将 4 个圆角矩形进行合理分布。圆角矩形分布效果图如图 3-33 所示。

（6）选择"文件"菜单中的"打开"命令，打开素材文件夹中的"封面图片.jpg"图片。选择工具箱中的"移动工具" ⊕，将打开的素材图片拖入图册封面源文件中，此时图层面板中出现一个新图层，将其重命名为"封面图片 1"。按下【Ctrl+T】组合键，此时出现变换框，将鼠标移到变换框的右上角，按住【Shift】键，可以对对象进行等比例缩放，变换图片的大小到合适为止。

（7）将"封面图片 1"图层拖到"圆角矩形 1"图层的上面，按住【Alt】键，将鼠标放置在两个图层之间单击即可，这样就实现了封面图片在圆角矩形中呈现的剪贴蒙版效果。剪贴蒙版图层和效果图如图 3-34 所示。

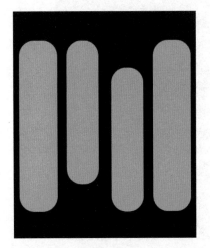

图 3-33 圆角矩形分布效果图　　　　图 3-34 剪贴蒙版图层和效果图

（8）按【Ctrl+J】组合键 3 次，复制 3 个封面图片，分别重命名为"封面图片 2"、"封面图片 3"和"封面图片 4"。依次将这 3 个图片图层拖动到"圆角矩形 2""圆角矩形 3""圆角矩形 4"图层的上面，然后按【Alt】键在封面图片图层和圆角矩形图层中间单击，实现剪贴蒙版。剪贴蒙版完成后的效果图如图 3-35 所示。

（9）选择"圆角矩形 1"图层，按【Ctrl+J】组合键复制图层，将复制的图层重命名为"线框 1"，并拖到背景图层的上方。选中该图层，选择"图层"→"图层样式"→"描边"命令，弹出"图层样式"对话框，设置描边的颜色为"#ee9b26"，其他参数设置如图 3-36 所示。在图层面板中，将该图层的"填充不透明度"改为"0"，此时圆角矩形只呈现边框，没有填充色。再利用上、下、左、右键使位置错位，效果图如图 3-37 所示。

图 3-35 剪贴蒙版完成后的效果图

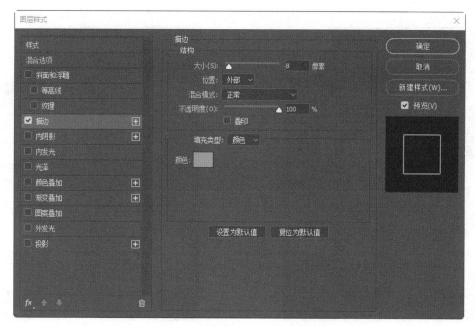

图 3-36　"图层样式"对话框中的参数设置

（10）参照操作步骤（9），完成描边装饰效果，效果图如图 3-38 所示。

图 3-37　描边后的装饰效果图

图 3-38　完成描边装饰后的效果图

（11）选择工具箱中的"椭圆工具" ⬭，按住【Shift】键绘制大小各异、颜色不同的正圆，放置在不同的位置装饰整个封面，让封面显得不单调，效果图如图 3-39 所示。

（12）打开"Logo.jpg"文件，利用移动工具将 Logo 图标拖到封面右上角的白色圆中，并调整为合适的大小。

（13）打开"Logo.psd"文件，利用移动工具将 Logo 图标中的"开心中餐厅"和"HAPPY CHINESE RESTAURANT"图层拖入封面文件，并调整其大小和位置。图册封面最终效果如图 3-40 所示。

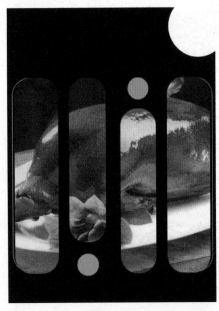

图 3-39　椭圆工具装饰后的封面

图 3-40　图册封面最终效果图

（14）至此，图册封面全部完成，选择"文件"菜单中的"存储"命令，将文件存储为"图册封面.psd"和"图册封面.jpg"。

3.3.2　知识与技能

1. 企业图册尺寸

在一般用户印象中，企业图册的尺寸是 A4 纸大小，即平时的打印纸尺寸规格 210mm×297mm。然而这个规格并非我国的标准规格，我国的标准是 16 开规格，即成品尺寸规格为 210mm×285mm。对比发现，宽度和 A4 标准一致，高度略短。要尽可能按照国标来设计图册的尺寸，因为正常图册印刷都是按照标准的图册尺寸来报价的，超过国标尺寸的成本会高不少。国标图册成品尺寸是 210mm×285mm，展开尺寸是 420mm×285mm。

理论上说图册尺寸没有严格规范，企业图册设计可根据自身需求定制尺寸。某些企业为了追求独特品位，图册规格自行确定。

企业常规图册尺寸如下（成品尺寸）：

16 开大度：210mm×285mm　　16 开正度：185mm×260mm

8 开大度：285mm×420mm　　　8 开正度：260 mm×370mm

4 开大度：420mm×570mm　　　4 开正度：370 mm×540mm

2 开大度：570mm×840mm　　　2 开正度：540 mm×740mm

全开大：889mm×1194mm　　　全开小：787 mm×1092mm

注意：除了要熟悉成品图册尺寸，还需知悉设计时为满足裁切要求要留出血尺寸，一般 3mm 的出血就能满足裁切需求。

2.剪贴蒙版

（1）剪贴蒙版的概念。

剪贴蒙版由两个或者两个以上的图层组成，通过使用处于下方图层的形状来限制上方图层的显示状态，以达到一种剪贴画的效果。最下面的一个图层为基底图层（简称基层），位于其上的图层为顶层。基层只能有一个，顶层可以有若干个。

Photoshop 的剪贴蒙版可以这样理解：上方图层是图像，下方图层是外形，就是通常所说的"上图下形"。剪贴蒙版的好处在于不会破坏原图像（上方图层）的完整性，并且可以随意在下方图层进行处理。

（2）剪贴蒙版的创建方法。

通过以下三种方法都能创建剪贴蒙版。

方法一：执行"图层"菜单中的"创建剪贴蒙版"命令，或按下【Alt+Ctrl+G】组合键，即可创建剪贴蒙版。

方法二：在图层上面右击，在弹出的快捷菜单中选择"创建剪贴蒙版"选项。

方法三：按下【Alt】键，在图层面板单击两个图层的中缝，上面图像就会按下面图像的外形显示（推荐此方法）。

任务 4　制作图册内页

图册内页主要以图片展示为主,本任务将详细介绍图片的排版方式,并用相关的排版案例,对图片的排版进行直观展示。本任务将综合前面所学技能，包括选区、剪贴蒙版、文字工具，实现图册内页的图文混排。

◆　**任务描述**

根据客户的需求，图册内页主色调与 Logo 和图册封面保持一致。图册内页主要介绍餐厅的特色美食——北京烤鸭、川菜和湘菜。要求凸显特色美食。

◆　**任务目标**

（1）利用 Photoshop 设计并制作中餐厅图册内页。

（2）学会设计制作其他主题图册内页。

3.4.1 工作流程

1. 规划页面框架

前面主要介绍了 Logo、图册封面的设计与制作，了解了 Logo 和图册封面都是以橘黑色调为主，故本图册内页的主体色调依旧为橘色和黑色。图册内页总共有 3 张效果图，分别是介绍开心中餐厅的特色美食北京烤鸭、川菜和湘菜的内页。图片排版时选择了一大两小的方式和拆分方式相结合的排版效果。一大两小的方式使得内容主次分明，对比鲜明且更有张弛度；而拆分的方式比单独放一张图片会更有设计感和趣味性。内页设计效果图如图 3-41～图 3-43 所示。

图 3-41　北京烤鸭内页效果图

图 3-42　川菜内页效果图

图 3-43　湘菜内页效果图

在内页布局中主要是产品的展示，所以图片占据了内页的大部分空间，再加一些不同大小的文字和简单的图形进行点缀，使得整个内页简单而不单调。

根据前期跟客户的沟通，确定了图册大小，考虑到内页是两页拼起来一起完成的，所以内页尺寸定为 42 厘米宽、28.5 厘米高。考虑到图册的出血一般为 3 毫米，所以新建的封面 Photoshop 文档大小为 42.6 厘米×29.1 厘米。

2．制作图册内页

　　由于内页风格较为统一，制作方法也比较接近，在此只介绍北京烤鸭内页的设计制作步骤，其他内页参照此操作步骤进行制作即可。北京烤鸭内页如图 3-44 所示。

图 3-44　北京烤鸭内页

　　具体操作步骤如下：

　　（1）打开 Photoshop CC 软件，在自动弹出的对话框中单击"新建"选项，在弹出的"新建文档"对话框中，设置"宽度"为"42.6 厘米"，"高度"为"29.1 厘米"，分辨率为"300 像素/英寸"，"颜色模式"为"CMYK 颜色"。

　　（2）单击工具栏中的"前背景色"图标■中的前景色（上面的是前景色，下面的是背景色），此时弹出"拾色器"对话框，将前景色设置为黑色（#000000），按【Alt+Delete】组合键，将背景图层填充为黑色。

　　（3）选择"文件"菜单中的"打开"命令，打开素材文件夹中的"北京烤鸭 1.jpg"图片。选择工具箱中的"移动工具"按钮✛，将打开的素材图片拖入"内页 1"源文件中，此时图层面板会出现一个新图层，将其重命名为"北京烤鸭 1"。按【Ctrl+T】组合键，此时出现变换框，将鼠标指针移到变换框的右上角，按住【Shift】键，可以对对象进行等比例缩放，变换图片至合适的大小并放置在右边，效果如图 3-45 所示。

　　（4）重复步骤（3）的操作，拖入"北京烤鸭 2.jpg""北京烤鸭 3.jpg"两个图片，并将图层分别重命名为"北京烤鸭 2""北京烤鸭 3"。由于"北京烤鸭 2.jpg"图片太大，且只需显示中间一部分，因此利用剪贴蒙版即可完成效果制作。

　　（5）选择工具箱中的"矩形工具"按钮▢，在属性栏的"选择工具模式"中选择"形状"选项，绘制一个矩形，此时图层面板会出现一个新的图层，将其重命名为"矩形 1"，并调整对象到合适位置。将该图层拖到"北京烤鸭 2"图层的下方，然后按住【Alt】键，在"矩形 1"和"北京烤鸭 2"的中间缝隙处单击即可，这样即完成了"北京烤鸭 2"的部分图片的显示，效果如图 3-46 所示。

图 3-45　添加"北京烤鸭 1"图片后的
"内页 1"效果图

图 3-46　3 张图片添加完成后的效果图

（6）由于"北京烤鸭 1"图层中的图片边缘与背景颜色太相似，所以为"北京烤鸭 1"图片添加半透明矩形框。选择"矩形选框工具"按钮 □，新建图层，填充任意颜色，在图册面板中设置"填充不透明度"为"0"。选择"图层面板"下方的"添加图层样式"按钮 fx，添加"描边"图层样式，"描边"参数设置如图 3-47 所示。

（7）选择工具箱中的"矩形工具"按钮 □，在属性栏的"选择工具模式"中选择"形状"选项，绘制两个矩形，颜色设置为"#efa22d"，此时图层面板会出现两个新的图层，将这两个图层分别重命名为"矩形 2""矩形 3"，并调整对象大小和位置。用同样的方法完成"北京烤鸭 3"图片上的矩形框装饰条的绘制。效果如图 3-48 所示。

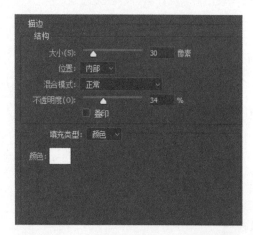

图 3-47　"描边"图层样式参数设置

图 3-48　添加矩形后的效果图

（8）选择工具箱中的"横排文字工具"按钮 T，输入"北京烤鸭""片皮烤鸭"，字体为"方正隶二简体"，字号分别为"60""48"；同样的方法输入"Beijing Roast Duck"，字体为"方正隶二简体"，"B"字号为"72"，其他的字号为"24"，颜色均为黑色。

（9）选择工具箱中的"横排文字工具"按钮 T，输入"特色美食"，字体为"方正隶二简体"，字号为"36"，颜色为白色。选中该图层，选择"图层"→"图层样式"→"描边"命令，弹出"图层样式"对话框，设置描边的颜色为"#e71f1c"，其他参数如图 3-49 所示。

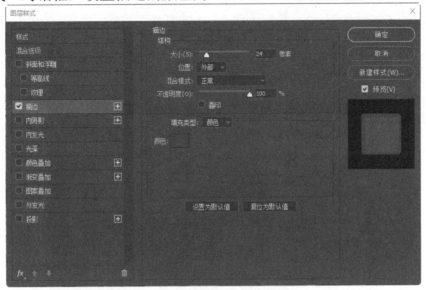

图 3-49　"图层样式"对话框中的参数设置

（10）选择"文件"菜单中的"打开"命令，打开素材文件夹中的"大拇指.png"图片。选择工具箱中的"移动工具"按钮 ，将打开的素材图片拖入"内页 1"源文件中，此时图层面板会出现一个新图层，将其重命名为"大拇指"。按【Ctrl+T】组合键，此时出现变换框，将鼠标指针移到变换框的右上角，按住【Shift】键，可以对对象进行等比例缩放，变换图片到合适的大小。执行菜单"编辑"→"变换"→"水平翻转"命令，使"大拇指"水平翻转，效果如图 3-50 所示。

图 3-50　插入"大拇指"图片后的效果图

（11）选择工具箱中的"自定义形状工具"按钮 ，设置属性栏，颜色设置为"#ee9b26"，形状选择名称为"箭头 2"的图形。绘制图形，此时图层面板中出现新的图层，重命名为"箭头 1"，执行"编辑"→"变换路径"→"顺时针旋转 90 度"命令。然后按【Ctrl+J】组合键 3

次，出现 3 个新图层，分别重命名为"箭头 2""箭头 3""箭头 4"，并分别调整图层面板中的填充不透明度为"80%""60%""40%"。选择"移动工具"，选择 4 个箭头图层，单击属性栏中的"垂直居中分布"按钮进行垂直方向居中分布。

（12）至此"内页 1"全部完成，选择"文件"菜单中的"存储"命令，将文件存储为"北京烤鸭内页.psd"和"北京烤鸭内页.jpg"。北京烤鸭内页效果如图 3-51 所示。

图 3-51　北京烤鸭内页效果图

制作图册时，在确定了封面的风格和配色后，后面的内页也要尽量与封面的风格和配色保持一致。切记：不能一页一个风格，风格不统一，最终导致图册设计显得比较凌乱。

3.4.2　知识与技能

一旦设计好一个漂亮的封面后，同样也希望能设计出与封面一样漂亮的内页。那内页该如何进行图文混排呢？下面介绍几种典型的内页图片的排版方式。

1. 单图排版

（1）平铺。

平铺就是在内页设计中把某一半版面平铺一张大图，另一半版面则排列文字或者小图。平铺的图片比较有张力，有视觉重心的图片适合这样处理。

（2）一条边出血。

在内页设计中把图片的一条边对齐边界，这么处理会让人觉得有冲破束缚的感觉，增加了对图片的想象力和版面的设计感。一条边出血设计的效果如图 3-52 所示。

（3）拆分。

在内页设计中把一张图片拆分成几份，然后隔开一点排列，这么做比单独放一张图片会更有设计感和趣味性，美食、风景类图片适合这种处理方法。拆分设计的效果如图 3-53 所示。

图 3-52　一条边出血设计的效果

图 3-53　拆分设计的效果

（4）跨版。

在内页设计中，让图片同时占据两个版面，当在一个跨版中只有一张图片时，如果只把这张图片排在一个半版中，那么另一半版就容易显得单调，在这种情况下通常会使用跨版，而且图片放大后会更有张力，还能把左右两个版面关联起来。跨版设计效果如图 3-54 所示。

2. 双图排版

（1）统一大小对齐排版。

在一些作品集或产品画册中常用到此排版方法，这样的版面视觉流程简单、清晰。统一大小对齐排版效果如图 3-55 所示。

图 3-54　跨版设计效果

图 3-55　统一大小对齐排版效果

（2）统一大小错位排版。

在内页设计中，统一大小错位排版比对齐排版更有动感，且由于图片不多，也不会显得杂乱。统一大小错位排版效果如图 3-56 所示。

（3）一大一小排版。

在内页设计中，一大一小排版对比鲜明、有张有弛，可以在一个跨版中使用。一大一小排版效果如图 3-57 所示。

图 3-56 统一大小错位排版效果

图 3-57 一大一小排版效果

3. 多图排版

有时候一个版面内会有很多图片，这种版面排起来会有难度，常用的排版方式如下。

（1）大小统一对齐排版。

这种排版方法比较整洁，但缺少变化，适用于目录页或对产品和人物的介绍。大小统一对齐排版效果如图 3-58 所示。

（2）大小不统一对齐排版。

这种排版方法会比前一种更灵活一点，适合利用网格工具来辅助排版。这种排版方法虽然没有统一图片的大小，但由于保持了严格的对齐关系，所以依然显得很整洁。大小不统一对齐排版效果如图 3-59 所示。

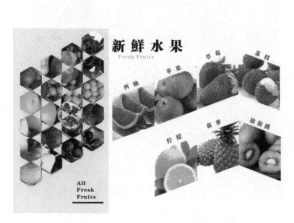

图 3-58 大小统一对齐排版效果

图 3-59 大小不统一对齐排版效果

（3）图片与色块组合排版。

图片与色块组合在一起排版时，版面不会像只有图片时那么单调。但需要注意色块的颜色不宜太多，且颜色最好来自图片。图片与色块组合排版效果如图 3-60 所示。

（4）把图片拼成特定的形状。

这种排版方法适合图片比较多的情况，这么做可以避免图片太多而显得凌乱，而且因为拼成的形状与设计需求相关，所以会显得更有创意。图片拼成特定的形状的效果如图 3-61 所示。

图 3-60　图片与色块组合排版效果　　　　图 3-61　图片拼成特定的形状的效果

如果在版面中分开排列大小差不多的多张图片，那么该版面就会缺乏重点且没有张力，而如果将其中一张图片放大，与其他图片形成鲜明的大小对比，就可以有效解决这一问题。

版面中的图片数量有一张到数十张不等，图片的排版方式也非常多，所以没有一一列出，具体的变化还需要大家根据具体的内容和设计需求去进行尝试和突破。

任务5　制作图册封底

本任务将详细介绍封底设计的主要原则。根据封底设计原则，结合前期所学技能，完成封底设计与制作。

◆　**任务描述**

根据客户的需求，图册的封底主要用来展示餐厅的联系方式，包括地址、电话和现在流行的二维码等元素需要在封底上进行体现。

◆　**任务目标**

（1）根据客户需求，规划封底框架。

（2）根据客户需求，设计并制作图册封底。

3.5.1 工作流程

1. 规划页面框架

为了实现封底和封面前后呼应的效果，封底继续采用黑色和橘色色调，并且把封面的圆圈继续延伸到封底，封底中间放置 4 个与内页内容相呼应的北京烤鸭、川菜、湘菜的圆形图片，达到了与封面图形和内页内容相呼应的效果。同时，在图片上方最显眼的地方放置二维码，方便顾客一眼就能辨识并扫描。公司的联系方式等内容放在封底左下角。最后用圆形进行页面装饰，再次与封面呼应。

2. 制作图册封底

图册封底效果图如图 3-62 所示。

图 3-62 封底效果图

具体操作步骤如下：

（1）打开 Photoshop CC 软件，在自动弹出的对话框中单击"新建"选项，在弹出的"新建文档"对话框中，设置"宽度"为"21.3 厘米"，"高度"为"29.1 厘米"，"分辨率"为"300 像素/英寸"，"颜色模式"为"CMYK 颜色"。

（2）单击工具栏中的"前背景色"图标中的前景色，此时弹出"拾色器"对话框，将前景色设置为黑色，按【Alt+Delete】组合键将背景图层填充为黑色。

（3）选择"文件"菜单中的"打开"命令，打开素材文件夹中的"二维码.jpg"图片。选择工具箱中的"移动工具"按钮，将打开的素材图片拖入图册封底源文件中，此时图层面板会出现一个新图层，将其重命名为"二维码"，变换图片的大小到合适为止，并调整位置。同样的方法，拖入"Logo.jpg"图片，放置在二维码的中间即可。最后利用"横排文字工具"输入文字"扫二维码　联系我们"。

（4）选择"椭圆工具"按钮 ⬭ ，绘制一个大小合适的正圆，此时图层面板出现一个图层，将其重命名为"圆1"，按【Ctrl+J】组合键3次，出现3个图层，分别将图层重命名为"圆2""圆3""圆4"。导入封底素材的4个图片，分别放在4个圆形图层之上，实现剪贴蒙版效果。

（5）利用"横排文字工具"输入相应的公司联系方式，再利用"椭圆工具"在封底左下角绘制一个正圆，放置在合适的位置即可。

（6）图册封底全部完成，选择"文件"菜单中的"存储"命令，将文件存储为"图册封底.psd"和"图册封底.jpg"。

至此，封面和封底全部完成。将封面和封底合成一张图片，查看最终效果。新建文件，"宽度"为"42.6厘米"，"高度"为"29.1厘米"，"分辨率"为"300像素/英寸"，"颜色模式"为"CMYK颜色"，分别导入"图册封面.jpg"和"图册封底.jpg"。封面和封底合成效果图如图3-63所示。

图 3-63　封面和封底合成效果图

3.5.2　知识与技能

图册封底设计遵循以下基本原则。

1. 前后呼应原则

封底、封面设计应前后呼应，形成一个整体。

2. 前后统一原则

拿到一本画册，首先映入眼帘的是封面。封底没有封面那么先声夺人，它更多的是扮演助演或者配角，但又缺一不可，二者配合才能让整本画册更加发光出彩。这就需要遵从前后统一原则，封面、封底统一配合才能演绎一出"好戏"。

3. 延续连贯原则

有时候，封面的图形或者颜色需要延续至封底，这就需要封面、封底从美感、排版、色彩、图形各方面做到延续和连贯。

另外，画册封底的内容依据画册性质而定，封底一般涵盖公司名字、电话、邮箱、地址、二维码等联系方式。

无论是设计封底还是封面又或者是内页，都需要设计者根据自己的设计思路不断地与客户进行沟通，以便达到更好的设计效果。

考核评价

前面几个任务完整地介绍了图册的制作流程，接下来就要考核学习成果，以检验是否能够把学到的知识和技能很好地应用到实际中。看一看下面的任务，分组动手做一做吧。

◆ **考核项目**

将班级学生按 4 人一组进行分组，每个小组都要完成下列任务，将图册设计制作工作分为不同的子任务，成员间分别选择和完成子任务，要求设计风格统一。图册设计制作完成后，每个小组推选一位成员将所完成的图册在班级中进行展示，并详细讲解设计思路，其他同学为该图册评分，评定出的成绩记为小组成绩，同时记为小组中每位同学的成绩。

任务描述：现收到某植物主题公园图册制作任务，要求设计 Logo 及制作植物主题公园的宣传图册，主题公园有春、夏、秋、冬四个主题植物乐园，主要接待群体是儿童和青少年。

请你收集该主题公园的资料，制作一个宣传主题公园的图册。

◆ **评价标准**

根据项目任务的完成情况，从以下几个方面进行评价，并填写表 3-1。

（1）方案设计的合理性（10 分）。

（2）设备和软件选型的适配性（10 分）。

（3）设备操作的规范性（10 分）。

（4）小组合作的统一性（10分）。

（5）项目实施的完整性（10分）。

（6）技术应用的恰当性（10分）。

（7）项目开展的创新性（20分）。

（8）汇报讲解的流畅性（20分）。

表 3-1　评价记录表

序号	评价指标	要求	评分标准	自评	互评	教师评
1	方案设计的合理性（10分）	各小组按照项目内容，对项目进行分解，组内讨论，完成项目的方案设计工作	方案合理，得8～10分； 方案需要优化，得5～7分； 方案不合理，需要重新讨论后设计新方案，得0～4分			
2	设备和软件选型的适配性（10分）	各小组根据方案，对设备和软件进行选择和应用	选择操作简便、应用简单的设备和软件，得8～10分； 满足项目要求，但操作不简便，得5～7分； 重新选择得0～4分			
3	设备操作的规范性（10分）	各小组根据设备和软件的选型进行操作	能够规范操作选型设备和软件，得8～10分； 没有章法，随意操作，得5～7分； 不会操作，胡乱操作，得0～4分			
4	小组合作的统一性（10分）	各小组根据项目执行方案，小组内分工合作，完成项目	分工合作，协同完成，得8～10分； 组内一半人员没有参与项目完成，得5～7分； 一人完成，其他人没有操作，得0～4分			
5	项目实施的完整性（10分）	各小组根据方案，完整实施项目	项目实施，有头有尾，有实施，有测试，有验收，得8～10分； 实施中，遇到问题后项目停止，得5～7分； 实施后，没有向下推进，得0～4分			
6	技术应用的恰当性（10分）	项目实施使用的技术，应当是组内各成员都能够熟练掌握的，而不是仅某一个人或者几个人会应用	实现项目实施的技术全部都会应用，得8～10分； 组内一半人会应用，得5～7分； 只有一个人会应用，得0～4分			
7	项目开展的创新性（20分）	各小组领到项目后，要对项目进行分析，采用创新的手段完成项目，并进行汇报、展示	实施具有创新性，汇报得体，得16～20分； 实施具有创新性，但是汇报不妥当，得10～15分； 没有创新性，没有汇报，得0～9分			
8	汇报讲解的流畅性（20分）	各小组要对项目的完成情况进行汇报、展示	汇报展示使用演示文档，汇报流畅，得16～20分； 没有使用演示文档，汇报流畅，得10～15分； 没有使用演示文档，汇报不流畅，得0～9分			
总　分						

小组成员：_____

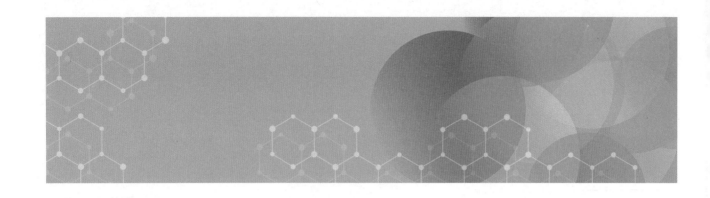

模块6 数字媒体创意

　　数字时代的到来使数字媒体成为继语言文字和电子技术之后的最新信息载体。除了各类门户网站和专业网站，这些数字媒体载体还包括数字化的文字、图形、图像、声音、视频影像和动画等，它们创造了全新的信息传播方式和艺术样式。全球数十亿网民接触到了丰富多彩的电子游戏、数字视频、数字出版物、网络购物等。随着虚拟现实技术及我国在5G领域的快速发展，异彩纷呈的数字新媒体不断涌现，也让我们对数字时代充满了无限憧憬和想象。

职业背景

　　在经历了数字媒体初现带来的新鲜与惊奇之后，利用新兴的数字媒体形式来达到高效的传播效果、未来的数字媒体环境的发展趋势，这一切都将由我们对数字媒体环境的了解及数字媒体创意应用的能力来决定。

学习目标

1. 知识目标

（1）了解数字媒体作品创作的基本操作方法。

（2）熟悉创意稿、脚本的基本组成部分的名称。

（3）掌握素材选取的方法。

（4）掌握数字媒体作品发布的基本流程和规范。

2. 技能目标

（1）会根据业务需求确定创作主题，并编写数字媒体作品的制作脚本。

（2）能依据脚本采选、加工素材，选择合适的软件工具和模板制作数字媒体作品。

（3）会发布数字媒体作品或搭建虚拟现实应用环境。

3. 素养目标

（1）具有自主学习和迁移创新能力，在学习过程中培养团队协作与客户服务意识。

（2）养成规范操作的职业习惯，具有良好的信息安全意识、保密意识、节能意识。

任务 1　数字视频制作

随着互联网的发展，数字视频拍摄、制作、上传的门槛大大降低，数字视频的制作需求已经迎来了爆发式增长。国内主流传统媒体都在积极上线视频聚合平台。目前，除传统意义上的新闻资讯外，生活服务、健康知识、历史探索、娱乐视频等泛资讯大规模进入新媒体内容生态。

◆ 任务描述

本节内容主要介绍数字视频的制作流程及方法，包括编写创意脚本、整理素材、剪辑视频、制作视频包装和数字视频发布。

◆ 任务目标

（1）熟练掌握影视编辑软件使用的基本操作。

（2）根据数字视频的主题，编写创意文案及脚本。

（3）根据创意文案和镜头脚本，进行素材分类选取，并能根据镜头脚本，对选取的素材进行剪辑。

（4）根据主题合理选择背景音乐，并进行音画合成。

（5）根据镜头脚本的描述，合理进行特效制作。

（6）能够根据网络平台不同的要求，进行数字视频作品的发布。

6.1.1　编写创意脚本

创意是数字视频制作的核心，在信息时代的今天，优秀的数字媒体创意，可使视频作品在众多网络信息中脱颖而出，凸显个性，闪烁锋芒。

脚本是数字视频制作的灵魂，脚本一直是电影、戏剧创作中的重要一环。脚本也是故事的发展大纲，用以确定整个作品的发展方向和拍摄细节。

◆ **任务描述**

在本节内容中，我们将一起编写一份带有创作主题的分镜头脚本，进而掌握视频脚本的编写技巧，并体验视频拍摄和视频制作的前期准备。

◆ **任务目标**

（1）能够根据主题编写创意文案（如图 6-1 所示为大纲样张）。

（2）能够围绕创意文案编写视频脚本（如图 6-2 所示为视频脚本）。

（3）课后作业：确立创作视频的主题并根据主题完成文案及脚本编写。

上海自然博物馆的展示以"自然·人·和谐"为主题，以"演化"为主线，从"过程"、"现象"、"机制"和"文化"入手，"演化的乐章"、"生命的画卷"、"文明的史诗"三大主题板块下设十个常设主题展区，阐述自然界中纵横交错、相辅相成的种种关系。

"演化的乐章"将回溯自然界波澜壮阔、跌宕起伏的演化历程，引领公众了解宇宙和地球的由来以及生命演化过程中的重大事件，剖析生命演化的内在机制。

"生命的画卷"将带领公众走进多姿多彩的生命世界，让他们在领略自然界的神奇与美丽的同时，了解各种生物为了生存和繁衍而演化出基于各种关系的"智慧"。

"文明的史诗"将带领公众回溯人类文明的兴衰历程，阐释人类文明在起源、发展、兴替过程中与自然环境的依存关系，体现文化多样性与环境多样性之间的密切关系，帮助公众认识在文明发展的不同阶段人类与自然环境之间的"冲突与和谐"，感悟认识自然、尊重自然，与自然和谐相处，是人类和人类文明可持续发展的前提。

图 6-1　大纲样张

镜头	景别	镜头运动方式	时长	画面	音乐	备注
1		特效镜头	3秒	蓝色背景上三角形旋转并缩小	背景音乐	
2	全景	固定镜头	3秒	俯拍博物馆大厅	背景音乐	
3	中景	运动镜头 摇	4秒	大厅里的恐龙骨架	背景音乐	
4	特写	固定镜头	3秒	恐龙头骨的特写	背景音乐	…
5	…			…	…	…

图 6-2　视频脚本

6.1.1.1　工作流程

1. 确立创意主题并编写文案

（1）确立创意主题，根据主题在"自然博物馆"中选择合适的资料。

（2）对选择的资料进行亮点分析。

（3）按照创意主题，进行文案写作，融入选择的资料。

（4）使用精练的语言概括故事背景。

（5）概述说明作品的一些基本情况：片名、时长及规格等。

（6）使用简短精悍的文字说明作品的创意及亮点。

2. 根据文案编写视频脚本

（1）将创意文案描绘的画面内容转换成可供拍摄的画面镜头，并按顺序列出镜头的镜号。

（2）确定每个镜头的景别，如远、全、中、近、特等。排列组成镜头组，并说明镜头组接的技巧。

（3）用精练、具体的语言描述出要表现的画面内容，必要时可借助图形和符号表达。

（4）编写相应镜头组的解说词。

（5）编写相应镜头组或段落的音乐与音响效果，如图 6-3 所示为脚本样张。

	A	B	C	D	E	F	G
1	镜头	景别	镜头运动方式	时长	画面	音乐	备注
2	1		特效镜头	3秒	蓝色背景上三角形旋转并缩小	背景音乐	
3	2	全景	固定镜头	3秒	俯拍博物馆大厅	背景音乐	
4	3	中景	运动镜头 摇	4秒	大厅里的恐龙骨架	背景音乐	
5	4	特写	固定镜头	3秒	恐龙头骨的特写	背景音乐	…
6	5	…	…	…	…	…	…

图 6-3　脚本样张

6.1.1.2　知识与技能

1. 创意文稿

（1）开场部分。

开场部分在数字视频中具有很重要的地位，它的作用是吸引观众的注意力，引起观众的兴趣。开头部分不宜过长，通过几个镜头、几句解说来突出主题。

开场常用的方法如下。

① 开门见山，直接进入主题。

② 提出问题，形成悬念。这种方法带有启发性、思考性。

③ 安排序幕，烘托气氛。这种开场方法也是常用的方法，它的作用是通过要表达和说明的问题，引出主题，给观众留下深刻印象。

（2）正片部分。

正片部分是数字视频的主要内容，是全片的重点和中心，不管采用什么呈现方式，都应做到以下几点。

① 循序渐进，逐步深入。即不断提出问题，解决问题，按一定的逻辑顺序，逐步深入地揭示问题。

② 层次清楚，段落分明。必要时可用字幕的标题分隔，让人很容易理解各层次之间的联系。每个层次可用几个段落来表达，段落与段落之间又要相互联系。

③ 详略得当，快慢适宜。内容表述的详略，直接关系到对主题的体现，详略得当能使全片中心明确、重点突出、结构紧凑，为此重点内容部分要详写，相关的其他内容要略写。

④ 过渡自然，前后照应。过渡是指上下文之间的衔接转换，镜头组接中内容过渡后内容的关照呼应。过渡一般是指各层次、段落之间的过渡和转换。

（3）片尾部分。

片尾也是数字视频制作的重要组成部分。结尾常用的方法有以下几种。

① 总结全片，点题。

② 提出问题，发人深思。好的结尾要做到简洁有力。

2. 脚本

脚本一直是数字视频创作中的重要一环。脚本可以说是故事的发展大纲，用以确定整个作品的发展方向和拍摄细节，也是我们拍摄视频的依据。一切参与视频拍摄、后期剪辑人员，包括摄影师、演员、服饰化妆道具的准备人员、剪辑师等，他们的一切行为和动作都是服从于脚本的。

（1）脚本的作用。

① 提高拍摄效率。

脚本最重要的作用就是可以提高团队的效率。只有事先确定好拍摄的主题、故事等，团队才能有清晰的目标。明确要拍摄的角度、时长等要素，摄影师才能完成拍摄任务。另外，脚本还保证了影片中道具能够提前备好，使拍摄能按时进行，极大地节省了团队制作的时间。

② 降低沟通成本，方便团队合作。

脚本是团队进行合作的依据，通过脚本，演员、摄影师、后期剪辑人员能快速地领会团队的目的，减少团队的沟通成本。

（2）脚本中包含的元素。

一般的脚本中至少包括以下几方面内容。

① 镜头运动方式：主要分为固定镜头、运动镜头，运动镜头又包括推、拉、摇、移、跟等。

② 景别：主要分为远景、全景、中景、近景和特写。

③ 内容：主要指拍摄的详细内容。

④ 镜头时长：主要讲的是此镜头片段所要用的时长，一般以秒为单位。

6.1.2　整理素材

整理素材以脚本的内容为出发点，进行合适素材的整合与分类，整理出所需要的视频素材资源。

◆ **任务描述**

在本节内容中，我们将根据脚本导入合适的素材，并完成视频的粗剪工作。

◆ **任务目标**

（1）能够根据分镜头脚本导入相应素材。

（2）能够使用素材完成粗剪工作。

（3）课后作业：导入并挑选素材，新建动态故事板并完成粗剪工作。

6.1.2.1　工作流程

1. 挑选并导入素材

【操作录屏请见操作视频——6.1.2 挑选并导入素材】

（1）打开 Premiere 软件，双击左下角素材框的空白处。在弹出的"导入"对话框中选择"自然博物馆"文件夹，单击"导入文件夹"按钮，如图 6-4 所示。

（2）单击素材框左下角的■切换为图标视图，如图 6-5 所示。

图 6-4　导入素材　　　　　　　　　　　　　图 6-5　切换为图标视图

（3）双击打开素材框中的"自然博物馆"，根据分镜头脚本挑选出需要的视频素材，并将其拖出文件夹，如图 6-6 所示。

图 6-6　挑选需要的视频素材并将其拖出文件夹

2. 完成粗剪制作

【操作录屏请见操作视频——6.1.2 完成粗剪制作】

（1）按照分镜头编写的镜头顺序为视频素材排序，如图 6-7 所示。

（2）全选排好序的视频素材，拖至素材框右下角第 4 个"新建"按钮处，新建动态故事版，完成粗剪工作，如图 6-8 所示。

图 6-7　为视频素材排序

图 6-8　新建动态故事版

6.1.2.2　知识与技能

1. 导入图像序列

Premiere 可以导入包含在单个文件中的动画，如动画 GIF。也可导入静止图像文件序列，例如 TIFF 序列，并自动将它们组合到单个视频剪辑中，每个静止图像将变为视频中的一帧。

导入是指在序列中寻找并选中首个编号文件，选择"图像序列"，然后单击"打开"按钮，就可将该图像序列导入。

2. 导入 Photoshop 文件

Premiere 会导入在 Photoshop 原始文件中应用的属性，包括位置、不透明度、可见性、透明度（Alpha 通道）、图层蒙版、调整图层、普通图层效果、图层剪切路径、矢量蒙版及剪切组等属性。

通过"导入分层的 Photoshop 文件"功能，可方便地在 Premiere 中使用在 Photoshop 中创建的图形。当 Premiere 将 Photoshop 文件作为未合并的图层导入时，文件中的每个图层都将变成素材箱中的单个剪辑。

3. 导入 Illustrator 图像

Premiere 可将基于路径的 Illustrator 作品转换为 Premiere 使用的基于像素的图像格式，该过程称为像素化。Premiere 可自动对 Illustrator 作品的边缘进行抗锯齿或平滑处理。

Premiere 还会将所有空白区域转换为 Alpha 通道，使空白区域变透明。

6.1.3　剪辑视频

剪辑是经过对画面反复推敲后，进行更为细致的精剪。所有的片段经过精剪之后，在整个剪辑过程中，既要保证镜头与镜头之间叙事的自然、流畅、连贯，又要突出镜头的内在表现。

◆　**任务描述**

在本节内容中，我们将根据先前完成的粗剪视频，再将图片、视频及背景音乐进行重新剪辑、整合、编排，从而生成一个新的视频文件。

◆　**任务目标**

根据任务内容的描述可知需要制作的是宣传片，本次宣传片需要突出的是自然博物馆的特点，据此确定宣传片的制作任务目标如下。

（1）掌握三点剪辑、四点剪辑及一些剪辑工具的使用。

（2）能够给视频添加视频过渡。

（3）课后作业：使用上述工具对视频进行精剪。

6.1.3.1　工作流程

1.　使用三点剪辑添加视频素材

【操作录屏请见操作视频——6.1.3 使用三点剪辑添加视频素材】

（1）双击选中想要添加的视频素材。

（2）在右上角的素材预览框中，使用入点、出点工具裁剪出视频素材中想要使用的部分，如图 6-9 所示。

图 6-9　使用入点、出点工具裁剪视频素材

（3）将时间轴左上角的"播放指示器位置"调整至想要该视频素材开始的位置，单击素材预览框的"插入"按钮，完成三点剪辑，如图6-10所示。

图 6-10 单击素材预览框的"插入"按钮

2．使用剪辑工具编辑视频素材

【操作录屏请见操作视频——6.1.3 使用剪辑工具编辑视频素材】

（1）根据主题合理选择背景音乐。

（2）双击右下角素材框的空白处，导入背景音乐，将背景音乐拖入时间轴A1轨道。将所有视频素材移动到3秒06帧之后，预留出片头的位置，如图6-11所示。

（3）将鼠标放在A1轨道边缘，拖动以调整轨道高度，方便查看音频鼓点，如图6-12所示。可以通过键盘右上方的加减号键来放大或缩小时间轴。

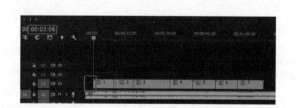

图 6-11 将所有视频素材移动到3秒06帧之后

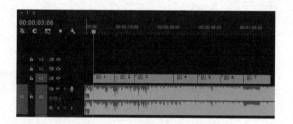

图 6-12 调整轨道高度

（4）使用时间轴左侧工具栏中的"波纹编辑工具"拖动视频素材的连接处，使视频素材切换的时间节点与背景音乐的鼓点一致，如图6-13所示。

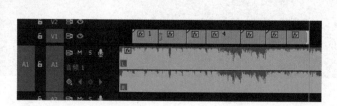

图 6-13 使用时间轴左侧工具栏中的"波纹编辑工具"拖动视频素材的连接处

（5）单击节目监视器中的播放键观看视频素材，可使用时间轴左侧工具栏中的"外滑工具"修改单个视频素材剪辑的入点和出点前移或后移相同的帧数，如图 6-14 所示。

（6）若有个别视频素材切换的时间节点与背景音乐的鼓点不一致，可使用时间轴左侧工具栏中的"波纹编辑工具"，向左或向右拖动某个视频素材，将时间节点调整到正确位置，如图 6-15 所示。

图 6-14　使用"外滑工具"修改单个视频素材剪辑的入点和出点前移或后移相同的帧数

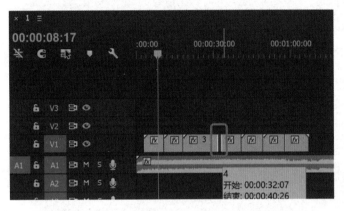

图 6-15　使用"波纹编辑工具"向左或向右拖动某个视频素材

（7）若想保留个别整段的视频素材，可使用时间轴左侧工具栏中的"比率拉伸工具"，对视频素材进行加速或放慢，以调整视频素材长度，如图 6-16 所示。

（8）单击节目监视器中的播放键观看视频素材，若感觉视频切换太过突兀，可为视频添加视频过渡特效。在左下角"效果"面板——"视频过渡"文件夹中有许多不同的视频过渡效果，选中想要的效果拖至时间轴面板上的视频素材连接处即可为其添加视频过渡，如图 6-17 所示。

图 6-16　使用"比率拉伸工具"
对视频素材进行加速或放慢

图 6-17　"效果"面板—视频过渡

3. 使用四点剪辑添加视频素材

【操作录屏请见操作视频——6.2.3 使用四点剪辑添加视频素材】

（1）双击选中想要添加的视频素材。在右上角的素材预览框中，使用入点/出点工具裁剪出视频素材中想要使用的部分。

（2）在时间轴面板中使用入点/出点工具裁剪出想要素材放置的位置，如图 6-18 所示。

（3）单击素材预览框中的"覆盖"按钮，根据需求选择选项，如图 6-19 所示，单击"确定"按钮，插入时间轴。

图 6-18 在时间轴面板中使用
入点/出点工具裁剪

图 6-19 单击"覆盖"按钮，
根据需求选择选项

6.1.3.2 知识与技能

1. 剪辑工具

轨道选择工具：可选择序列中位于光标右侧的所有剪辑。

波纹编辑工具：可修剪"时间轴"内某剪辑的入点或出点。

滚动编辑工具：可在"时间轴"内的两个剪辑之间滚动编辑点。

速率拉伸工具：可通过加速"时间轴"内某剪辑的回放速度缩短该剪辑，或通过减慢回放速度延长该剪辑。

外滑工具：可同时更改"时间轴"内某剪辑的入点和出点，并保持入点和出点之间的时间间隔不变。

内滑工具：可将"时间轴"内的某个剪辑向左或向右移动，同时修剪其周围的两个剪辑。

2. 三点剪辑和四点剪辑

在时间线上插入一段剪辑出的素材时，需要涉及 4 个点，即素材的入点、出点、在时间上插入或覆盖的入点、出点。

在三点编辑中，标记两个入点和一个出点，或者标记两个出点和一个入点，无须主动设置第四个点，Premiere 可通过其他三个点自动推算出来。

在四点编辑中，需要标记素材的入点和出点及时间轴上的入点和出点。当素材和时间轴中的开始和结束帧都至关重要时，四点编辑会很有用。如果标记的素材和时间轴上持续时间不同，Premiere 会针对差异提出警告，并提供备选的解决方案。

3. 常用的视频过渡

使用好视频转场效果，可让视频过渡平滑而不显得突兀。特别是在前期拍摄的素材不匹配的情况下，转场效果显得尤为重要。以下是一些比较常用的视频过渡方法。

（1）叠化。

叠化效果是最常用的一种视频转场效果，是从上一个镜头渐渐叠化淡入下一个镜头。叠化一般表现时间流逝或空间的转换，再者就是在剪辑时两段素材出现不匹配或跳闪的情况下用来消除过渡的突兀感。快速叠化可以迅速将观众带入下一个场景，而慢速叠化可以带给观众强烈的时间流逝感。

实现方法：在"效果"面板中找到"视频过渡"→"溶解"→"交叉溶解"效果，将其拖放到两段素材的连接处，拖动素材中间的效果块可以控制叠化的时长。

（2）淡入和淡出。

淡入和淡出效果是从叠化演变而来，淡入就是从黑场慢慢叠化出画面，淡出则是从画面慢慢叠化淡出到黑场，这两种效果大多应用在开篇和结尾处，淡入是为即将到来的剧情做准备，淡出则为了给观众喘息的空间来吸收影片所表现的情感。

实现方法：在"效果"面板中找到"视频过渡"→"溶解"→"渐隐为黑色"效果，将其放到视频素材的开始或结束位置，同样拖动白色效果块可以调节淡入和淡出的时长。

6.1.4　制作视频包装

视频包装设计是以图案、文字、色彩等艺术形式，突出视频的特色，提升整体视觉体验，力求设计精巧、图案新颖、色彩鲜明、标题突出。

◆　**任务描述**

在本节内容中，我们将为先前剪辑完成的视频，添加风格统一的片头、动态字幕条及片尾，完成视频包装制作。

◆ **任务目标**

（1）能够根据主题完成包装设计。

（2）能够根据包装设计完成片头制作，如图 6-20 所示。

图 6-20　片头

（3）能够根据包装设计完成动态字幕条制作，如图 6-21 所示。

图 6-21　动态字幕条

（4）能够根据包装设计完成片尾制作，如图 6-22 所示。

图 6-22　片尾

（5）课后作业，完成特效制作。

6.1.4.1　工作流程

1. 片头制作

【操作录屏及最终效果见视频资源——6.1.4 片头制作】

（1）打开 Premiere 软件，新建一个 "25.00 帧/秒" "1280×720" "方形像素（1.0）" 的序列，如图 6-23 所示。

（2）创建一个字幕文件，勾选屏幕右侧的"背景"选项，将"填充类型"改为"径向渐变"，如图 6-24 所示。

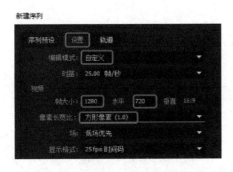

图 6-23　新建序列

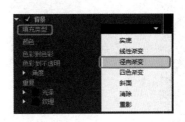

图 6-24　将"填充类型"改为"径向渐变"

（3）双击"颜色"中的两个方块，在弹出的"拾色器"对话框右下方的输入框中依次修改颜色代码为"244677"与"295590"，单击"确定"按钮完成颜色设置，如图 6-25 所示。效果如图 6-26 所示。

图 6-25　修改颜色代码为"244677"与"295590"

（4）将背景字幕文件拖动至右侧的时间轴上，如图 6-27 所示，并将字幕文件的持续时间延长至 3 秒 06 帧。

图 6-26　效果

图 6-27　将背景字幕文件拖动至右侧的时间轴上

（5）创建一个字幕文件，用"钢笔"工具在屏幕上画一个三角形，右击三角形，将"图形类型"改为"填充贝塞尔曲线"，如图 6-28 所示。

（6）单击右侧"填充"→"颜色"右侧的色彩块，在"拾色器"对话框中修改颜色代码为"FFAB00"，如图 6-29 所示。

（7）复制黄色三角形，修改颜色代码为白色"FFFFFF"，再调整白色三角形的大小及位置，如图 6-30 所示。

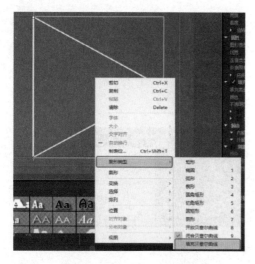
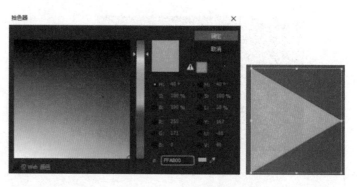

图 6-28 将"图形类型"
改为"填充贝塞尔曲线"

图 6-29 修改颜色代码

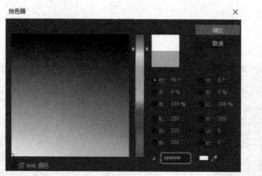
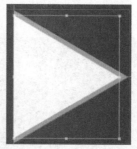

图 6-30 修改颜色代码、调整白色三角形的大小及位置

（8）复制白色三角形，修改颜色代码为红色"7C0000"，调整红色三角形的大小及位置，如图 6-31 所示。

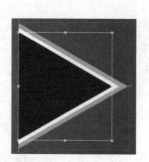

图 6-31 修改颜色代码、调整红色三角形的大小及位置

（9）复制两次黄色三角形，并调整复制三角形的大小和位置。使用"文字"工具在三角形中间输入"自然博物馆"，修改文字字体为"黑体""Regular"，字号大小为"53"，字距为"2"，字体颜色为白色，如图 6-32 所示。

（10）单击选中最底层的黄色三角形，勾选右侧工具栏中的"阴影"工具，如图 6-33 所示。单击右上角的"关闭"按钮  ，关闭字幕。

图 6-32　修改文字参数

图 6-33　勾选右侧工具栏中的"阴影"工具

（11）将制作完成的字幕文件拖入时间轴 V2 轨道中，右击字幕文件，选择"嵌套"选项，如图 6-34 所示，单击"确定"按钮，完成新建嵌套序列。

（12）双击时间轴上的嵌套序列，进入嵌套序列内部，将字幕文件延长至 19 秒 08 帧。

（13）在 2 秒 16 帧处将"效果控件"中的"缩放"参数调整为"51.0"，再单击"缩放"和"旋转"参数前的秒表新建关键帧。再在 0 秒 0 帧处将"缩放"参数调整至"72.0"，"旋转"参数调整至"-49.0°"，如图 6-35 所示。

图 6-34　选择"嵌套"选项

图 6-35　新建关键帧并调整参数

（14）回到上一层序列，将时间轴上的嵌套序列的剩余部分全部拖出。右键嵌套序列选择"速度/持续时间"选项，将"速度"参数调整至"596"，如图 6-36 所示。

（15）在右下角的"效果"面板中找到"视频效果"→"时间"→"残影"效果，将"残影"特效拖至嵌套序列上。在左上角"效果控件"面板中调整"残影"参数：残影时间为"-0.233"，残影数量为"14"，衰减为"0.60"，残影运算符为"从前至后组合"，如图 6-37 所示。

图 6-36　将"速度"参数调整至"596"

图 6-37　调整"残影"参数

（16）在右下角的"效果"面板中找到"视频过渡"→"溶解"→"交叉溶解"效果，将该效果拖至时间轴上的嵌套序列片段上，为该片段的首尾图添加"交叉溶解"效果，如图 6-38 所示。

图 6-38　为该片段的首尾图添加"交叉溶解"效果

2．动态字幕条制作

【操作录屏及最终效果见视频资源——6.1.4动态字幕条制作】

（1）新建一个"25.00 帧/秒""1280×720""方形像素（1.0）"的序列。

（2）创建一个字幕文件，用"钢笔"工具在屏幕左下方处画出一个平行四边形，右击图形，将"图形类型"改为"填充贝塞尔曲线"，如图 6-39 所示。

（3）使用"钢笔"工具在灰色平行四边形右下方处画出另一个平行四边形，右击图形，将"图形类型"改为"填充贝塞尔曲线"。单击右侧"填充"→"颜色"右侧的色彩块，修改颜色代码为"FFAB00"，如图 6-40 所示。

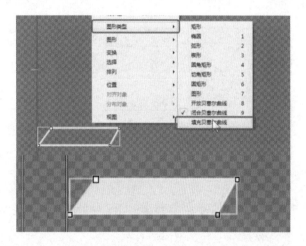

图 6-39　将"图形类型"改为"填充贝塞尔曲线"

图 6-40　修改颜色代码为"FFAB00"

（4）复制第二个平行四边形，单击右侧"填充"→"颜色"右侧的色彩块，修改颜色代码为"7C0000"。使用"选择"工具对第三个平行四边形进行大小及位置调整，如图 6-41 所示。

（5）复制第三个平行四边形，单击右侧"填充"→"颜色"右侧的色彩块，修改颜色代码为"203F7C"，对第四个平行四边形进行大小及位置调整，如图 6-42 所示。

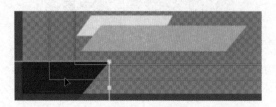

图 6-41　对第三个平行四边形进行
大小及位置调整

图 6-42　对第四个平行四边形进行
大小及位置调整

（6）使用"钢笔"工具在屏幕上画出一个等边三角形，右击图形，将"图形类型"改为"填充贝塞尔曲线"，单击右侧"填充"→"颜色"右侧的色彩块，修改颜色代码为"7C0000"，使用"选择"工具对红色三角形进行大小及位置调整，将其调整至黄色平行四边形的右侧，如图 6-43 所示。

（7）复制红色三角形，使用"选择"工具对第二个红色三角形进行大小及位置调整，将其调整至黄色平行四边形的左下角，如图 6-44 所示。

图 6-43　对红色三角形进行大小
及位置调整

图 6-44　对第二个红色三角形进行大小
及位置调整

（8）使用"文字"工具在黄色平行四边形上输入"三大主题板块"，调整字体为"微软雅黑""Bold"，调整字体大小至"44"，调整间距为"12"，如图 6-45 所示。

（9）单击选中文字层，将其复制后删除，如图 6-46 所示，单击右上角"关闭"按钮，关闭字幕。

图 6-45　调整字体大小

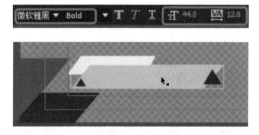

图 6-46　选中文字层，将其复制后删除

（10）创建一个字幕文件，粘贴刚才复制的文字层，如图 6-47 所示，然后单击右上角"关闭"按钮，关闭字幕。

（11）将第一个字幕文件拖入右侧时间轴 V1 轨道。在左下角的"效果"窗口中选择"视频过渡"→"滑动"→"滑动"，将"滑动"视频过渡拖至时间轴上字幕文件的首尾，如图 6-48 所示。

图 6-47　粘贴刚才复制的文字层

图 6-48　将"滑动"视频过渡拖至时间轴上
字幕文件的首尾

（12）选中"字幕 01"末尾的"滑动"视频过渡，在左上角的"效果控件"中勾选"反向"

选项，如图 6-49 所示。

（13）将第二个字幕文件拖入时间轴 V2 轨道中，第二个字幕文件的开始时间要与第一个字幕文件第一个"滑动"视频过渡的结束时间一致，结束时间要与第一个字幕文件的第二个"滑动"视频过渡的开始时间一致，如图 6-50 所示。

（14）在"效果"面板中找到"视频过渡"→"溶解"→"交叉溶解"效果，将"交叉溶解"视频过渡拖至时间轴上第二个字幕文件的首尾，如图 6-51 所示。

图 6-50 调整第二个字幕文件的持续时间

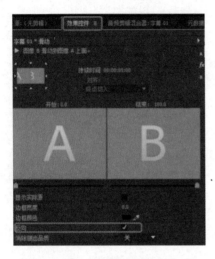

图 6-49 在"效果控件"中勾选"反向"选项

图 6-51 将"交叉溶解"视频过渡拖至时间轴上第二个字幕文件的首尾

3. 片尾制作

【操作录屏及最终效果见视频资源——6.1.4 片尾制作】

（1）新建一个"25.00 帧/秒""1280×720""方形像素（1.0）"的序列。

（2）使用"文字"工具在画面上输入文字内容，如图 6-52 所示。调整字体为"黑体""Regular"，调整字号为"32"，调整行距为"45"。选择第一行"职员表"，在上方的工具栏中调整字号为"45"，如图 6-53 所示。

图 6-52 输入文字内容

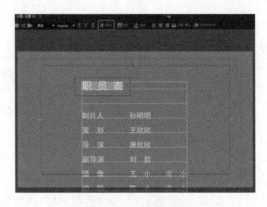

图 6-53 调整字体

（3）单击左侧"水平居中"工具█，使文字水平居中对齐，如图 6-54 所示。

（4）单击上方工具栏中的"滚动/游动选项"工具，选择字幕类型为"滚动"，勾选"开始于屏幕外"和"结束于屏幕外"选项，如图 6-55 所示，单击"确定"按钮完成设置。单击右上角"关闭"按钮█，关闭字幕。

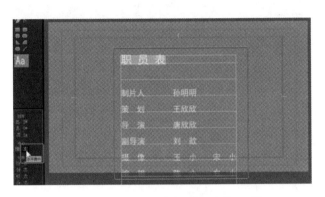

图 6-54　左侧"水平居中"工具

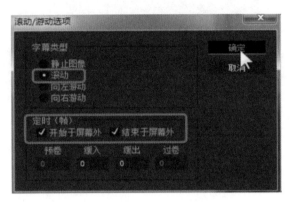

图 6-55　设置"滚动/游动选项"

（5）创建一个字幕文件，使用"矩形绘制"工具在屏幕中央绘制一大一小两个正方形，如图 6-56 所示。

（6）选择大正方形，在右侧工具栏的"填充类型"下拉菜单栏中选择"径向渐变"，将"颜色"中的第一个颜色设置为"7C0000"，第二个颜色为"550000"，调整"旋转"参数为"45°"，如图 6-57 所示。

图 6-56　使用"矩形绘制"工具
在屏幕中央绘制一大一小两个正方形

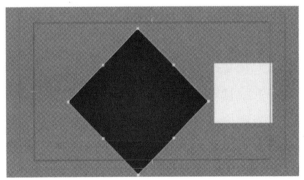

图 6-57　调整大正方形

（7）选择小正方形，在右侧工具栏的"填充类型"下拉菜单栏中选择"径向渐变"，将"颜色"中的第一个颜色设置为"FEBA00"，第二个颜色设置为"C99301"，调整"旋转"参数为"45°"，如图 6-58 所示。

（8）右击红色正方形，选择"排列"→"移到最前"，移动两个正方形的位置至左上角，如图 6-59 所示，单击右上角"关闭"按钮█，关闭字幕。

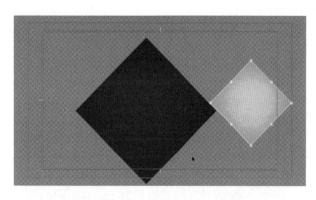

图 6-58　调整小正方形

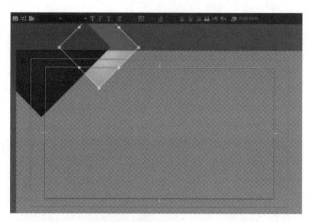

图 6-59　移动两个正方形的位置至左上角

（9）将第一个字幕文件拖至时间轴 V1 轨道，第二个字幕文件拖入 V2 轨道。在"效果"中找到"视频过渡"→"溶解"→"交叉溶解"效果，将"交叉溶解"特效添加至第二个字幕的开始与结尾处，如图 6-60 所示。

图 6-60　将"交叉溶解"特效添加至第二个字幕的开始与结尾处

6.1.4.2　知识与技能

1. 填充类型选项

（1）纯色：创建统一颜色的填充，根据需要设置。

（2）线性渐变：将创建线性双色渐变填充。

（3）径向渐变：将创建环形双色渐变填充。

（4）四色渐变：将创建由四种颜色组成的渐变填充，其中每种颜色分别从对象的每个角向外发散。

"颜色"选项指定起始和结束渐变颜色（分别显示在左右方框中）或色标。双击色标可选择颜色。拖动色标可调整各颜色之间过渡的平滑度。

2. 滚动/游动定时选项

开始于屏幕外：从视图外开始滚动到视图内。

结束于屏幕外：一直滚动到对象位于视图外为止。

预卷：在滚动开始之前播放的帧数。

缓入：标题滚动速度缓慢增加到播放速度期间所经过的帧数。

缓出：标题滚动速度缓慢减小，一直到滚动完成期间所经过的帧数。

过卷：在滚动完成之后播放的帧数。

向左游动、向右游动：游动的方向。

3. 关键帧

关键帧是标记指定值（如空间位置、不透明度或音频音量）的时间点。关键帧之间的值是插值。想要创建随时间推移的属性变化，应该设置至少两个关键帧：一个关键帧对应变化开始的值，另一个关键帧对应变化结束的值。

（1）添加关键帧。

可以在"时间轴"或"效果控件"面板中在当前时间添加关键帧。使用"效果控件"面板中的"切换动画"按钮可激活关键帧过程。

注：在轨道或剪辑中创建关键帧，无须启用关键帧显示。

（2）选择关键帧。

如果要修改或复制关键帧，首先在"时间轴"面板中选择此关键帧。未选择的关键帧显示为虚；已选择的关键帧显示为实。不需要选择关键帧之间的视频片段，因为可以直接拖动视频片段。此外，在更改用于定义视频片段终点的关键帧时，这些视频片段会自动调整。

（3）删除关键帧。

如果不再需要某个关键帧，可在"效果控件"或"时间轴"面板中从效果属性中将其删除。可以一次性移除所有关键帧，也可以对效果属性停用关键帧。在"效果控件"中，使用"目标关键帧"按钮停用关键帧时，现有的关键帧将被删除，并且在重新激活关键帧之前，无法创建任何新的关键帧。

6.1.5　数字视频发布

导出视频后可以将视频发布到不同的场景和舞台。作品制作完成后，就可以按照其用途，输出为不同格式的文件，以便观看或作为素材进行编辑加工。

◆　**任务描述**

在本节内容中，我们将完成整个数字视频的渲染输出。

◆　**任务目标**

（1）能够熟悉视频导出的流程。

（2）能够根据平台技术规范，合理设置导出参数。

6.1.5.1 工作流程

（1）单击时间轴面板，在最上方的菜单栏中选择"文件"→"导出"→"媒体"选项，如图 6-61 所示。

（2）在弹出的"导出"设置面板中，对导出视频的参数进行设置：导出格式选择"h.264"，在"输出名称"中设置视频名称以及保存路径，在"视频"→"比特率设置"选项中设置比特率编码为"CBR"，目标比特率为"10"，如图 6-62 所示。设置完毕单击"导出"选项，如图 6-63 所示。

图 6-61 选择"文件"→"导出"→"媒体"

图 6-62 比特率设置

图 6-63 单击"导出"按钮

6.1.5.2　知识与技能

数字视频发布需要遵循一定的规范。

在完成"导出"成片后，可以选择在各类视频网站上发布自己的作品，随着网络的普及、自媒体的兴起，现在有许多人选择在网上发布自己的作品，但是在网上发布作品时有很多注意事项及一些技术要求需要关注。

（1）注意事项。

严禁发布以下内容或有以下行为。

● 反动、色情、低俗、暴力、血腥、赌博等违法内容。

● 宣扬邪教，封建迷信。

● 扰乱社会秩序，破坏民族团结。

● 违反公序良俗等不良导向内容。

● 人身攻击，侮辱，诽谤他人。

● 恶意引战，煽动对立，散播仇恨情绪。

● 危害未成年人身心健康成长。

● 侵犯网络版权及其他知识产权以及用户权益。

● 猎奇恶心等严重影响观感体验的内容。

● 有关法律、行政法规和国家规定禁止的其他内容。

● 以恶意规避审核规则为目的的异常投稿行为。

（2）技术要求。

● 视频格式：网页端、桌面客户端推荐上传的格式为：mp4、flv。

● 其他允许上传的格式：mp4、flv、avi、wmv、mov、webm、mpeg4、ts、mpg、rm、rmvb、mkv、m4v。

● 网页端上传的文件大小上限为 8GB，视频内容时长最大为 10 小时。

● 视频码率最高为 6000kbps（H.264/AVC 编码），峰值码率不超过 24000kbps。

● 音频码率最高为 320kbps（AAC 编码）。

● 分辨率最大支持 1920×1080。

● 声道数小于或等于 2，采样频率等于 44.1kHz。

任务 2　虚拟现实制作

虚拟现实作为一种新兴技术，近年来受到国内外的高度关注。众多世界领先企业纷纷进入该领域，投入大量人力和财力进行研发。我国也频频颁布政策推动虚拟现实产业的发展，在政府的大力支持下，虚拟现实产业在游戏、教育、医疗等多个应用领域发力，占比稳步上升，未来行业市场潜力巨大，就业前景广阔。

◆ **任务描述**

这个项目主要介绍虚拟现实作品的主要制作流程，需要掌握的模块与基本的编辑方法，虚拟现实作品的调试、导出与演示的相关技能。

◆ **任务目标**

通过对本节内容的学习，主要完成以下训练目标。

（1）熟练虚拟现实实时开发平台使用的基本操作。

（2）根据工作岗位的要求，完成各类素材的平台导入工作。

（3）根据场景实际情况，对模型素材进行调整优化。

（4）根据模型素材的具体情况，对材质进行合理编辑，增强模型表现力。

（5）适当调整环境基础光线设置，提升整体表现效果。

（6）能按要求生成虚拟现实作品，并进行项目演示。

6.2.1　添加三维模型

◆ **任务描述**

在这个任务中，我们将事先准备好的三维模型添加到 Unity 软件的项目场景中，并根据项目的需要进行合理的摆放。

◆ **任务目标**

（1）将模型文件正确导入指定位置，并放置到场景中。

（2）在场景中创建基本几何体。

（3）调整对象的比例与位置，便于进行观察。

6.2.1.1　工作流程

（1）启动 Unity Hub，在左侧标签页中单击"新建"按钮，弹出"创建新项目"对话框。在左侧选择"3D"模板，并在右侧"项目名称"文本框中输入适当的名称（建议非中文字符），在"位置"文本框中选择合适的存储路径（建议避开系统盘符），单击"创建"按钮完成项目设置，如图 6-64 所示。

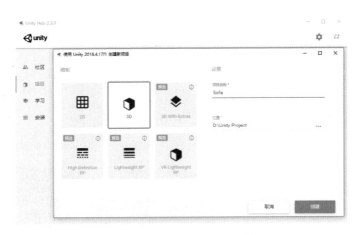

图 6-64　"创建新项目"对话框

（2）用鼠标按住并拖动模型素材文件"Leather_Chair"，放置于 Unity 中"项目"面板的下方空白处，将 FBX 格式的模型文件导入 Unity 项目中，如图 6-65 所示。

（3）在"项目"面板中单击选择"Leather_Chair"预制体文件，在"检查器"面板中单击"Materials"（材质）标签页，设置"位置"为"使用外部材质（旧版）"，设置"正在命名"为"从模型材质"，单击"应用"按钮，完成模型文件的导入设置，如图 6-66 所示。

图 6-65　导入 FBX 模型素材

图 6-66　对文件进行导入设置

（4）用鼠标按住并拖动"项目"面板中的预制体文件"Leather_Chair"，放置于"层级"面板的下方空白处，将预制体文件导入当前场景，并在"Scene"（场景）窗口中对载入的模型进行观察，如图 6-67 所示。按住【Alt】键+鼠标左键拖动可以旋转视角；调整滚轮可进行镜头的拉近或推远；按住鼠标中键并拖动可以进行镜头的平移。

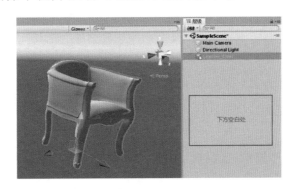

图 6-67　将模型载入场景

（5）在"层级"面板下方空白处右击，在弹出的快捷菜单中选择"3D 对象"→"平面"选项，在场景中创建地板，如图 6-68 所示。

（6）选择"层级"面板中的"Plane"对象，在"检查器"面板中分别设置"转换"组件下的各项参数，调整地板的大小与位置，如图 6-69 所示。

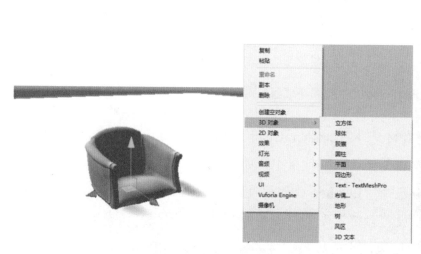

图 6-68　创建地板

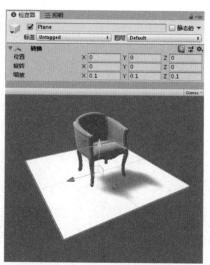

图 6-69　调整地板参数

6.2.1.2　知识与技能

常用三维模型格式如下。

（1）3ds。

3ds 是 3ds Max 建模软件的衍生文件格式，做完 Max 的场景文件后可导出为 3ds 格式，可与其他建模软件兼容，也可用于渲染。

3ds Max 建模的优点是不必拘泥于软件版本。例如：某 3ds Max 文件是使用 3ds Max 2015 制作的，那么这个文件无法在 3ds Max 2014 及更低的版本中打开。如果想用低版本的软件打开，那么只能选择保存为 3ds 文件，这样即便是 3ds Max 08、09 版本都是可以打开的。

（2）OBJ。

OBJ 文件是一种标准 3D 模型文件格式，比较适合用于 3D 软件模型之间的互导，也可以通过 Maya 读写。比如 Smart3D 里生成的模型需要修饰，可以输出 OBJ 格式，之后就可以导入 3ds Max 进行处理；或者在 3ds Max 中建了一个模型，想把它调到 Maya 里面渲染或动画，导出为 OBJ 文件就是一种很好的选择。

OBJ 文件一般包括三个子文件，分别是.obj、.mtl、.jpg，除了模型文件，还需要.jpg 纹理文件。

目前几乎所有知名的 3D 软件都支持 OBJ 文件的读写，不过其中很多需要通过插件才能实现。另外，OBJ 文件还是一种文本文件，可以直接用写字板打开进行查看和编辑修改。

（3）FBX。

FBX 是 FilmBoX 这套软件所使用的格式，FBX 最大的用途是可在 3ds Max、Maya、Softimage 等软件间进行模型、材质、动作和摄影机信息的互导，这样就可以发挥 Max 和 Maya 等软件的优势。

6.2.2 设置模型材质

◆ **任务描述**

在本任务中，我们将按照场景中不同对象的实际特点，为其设置合适的材质贴图，并适当进行调整，使之更加真实。

◆ **任务目标**

（1）将素材文件正确导入项目。

（2）将素材文件分别指定到正确的材质通道中。

（3）在 Unity 中对材质进行简单的编辑与调整。

6.2.2.1 工作流程

（1）选中并拖动素材文件夹"Texture"，放置于 Unity 中"项目"面板的下方空白处，将材质文件导入 Unity 项目中，如图 6-70 所示。

（2）单击"项目"面板中的"Texture"文件夹左侧的展开箭头，展开显示其中的材质文件。选择"层级"面板中的"Leather_Chair"对象，在"检查器"面板中单击材质球组件左侧的展开箭头，展开显示材质球的详细属性设置，如图 6-71 所示。

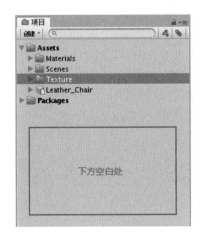

图6-70 导入材质文件夹

图6-71 显示材质文件和材质球属性

（3）选中并拖动不同的材质文件，放置于对应的材质通道。其中，"AlbedoTransparency"代表"反射率"通道；"MetallicSmoothness"代表"金属的平滑度"通道；"Normal"代表"法线贴图"

通道。当指定法线贴图时，需在下方单击"现在修复"按钮，使其生效，如图 6-72 所示。

（4）单击"反射率"通道右侧的拾色器，可调整模型表面的颜色色调；将"源"设置为"Albedo Alpha"模式，并调整上方的滑块，可自定义模型表面的光滑程度，如图 6-73 所示。

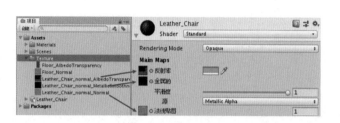

图 6-72　指定材质文件到对应的通道

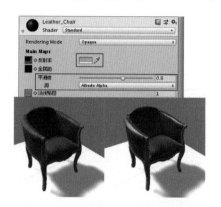

图 6-73　调整模型材质属性

（5）在"项目"面板下方空白处右击，在弹出的鼠标菜单中选择"创建"→"材质"选项，在项目中新建材质球。选择新建的材质球，按【F2】键，将其重命名为"Plane"，如图 6-74 所示。

图 6-74　新建材质球

（6）选择"层级"面板中的"Plane"对象，将"项目"面板中的"Plane"材质球文件放置于"检查器"面板下方空白处，将材质球指定给地板模型，如图 6-75 所示。

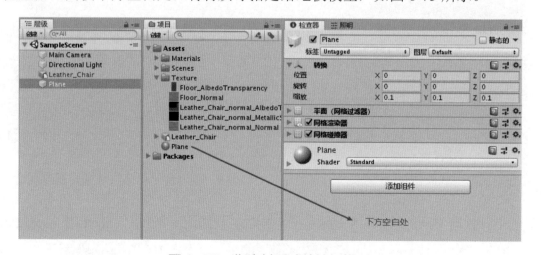

图 6-75　指定材质球给地板模型

（7）拖动"Floor_AlbedoTransparency"颜色贴图文件至材质球"Plane"的"反射率"通道；拖动"Floor_Normal"法线贴图文件至材质球"Plane"的"法线贴图"通道，单击下方"现在修复"按钮，使其生效，如图 6-76 所示。

（8）选择"项目"面板中的"Plane"材质球对象，在"检查器"面板中调整材质球的"反射率"与"平滑度"参数，改善地板材质；修改"正在平铺"参数，改变材质贴图在模型表面的平铺数量，以此调整材质贴图的长宽比例，如图 6-77 所示。

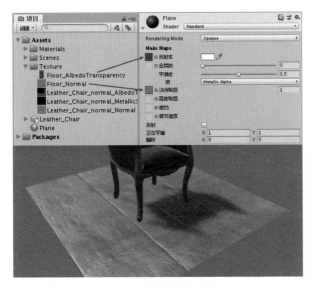

图 6-76　为材质球指定材质贴图

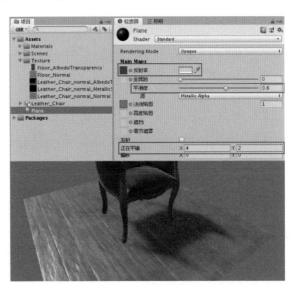

图 6-77　调整地板材质

6.2.2.2　知识与技能

PBR 材质贴图分析如下。

（1）反射率。

漫反射是光线穿入物体内部，经过多次散射后穿出物体表面向四面八方漫射的现象。在这里可以简单理解成物体表面固有的颜色。

（2）金属度。

用数字 1 和 0 描述材质是金属还是电解质，1 表示为金属，0 表示为电解质，通过这个参数可以调整对象的金属质感强弱。

（3）平滑度。

平滑度是材质的粗糙程度，1 表示材质表面非常光滑，0 表示十分粗糙，这个属性控制着反射（折射）效果的模糊程度。

（4）法线贴图。

法线贴图的原理是利用色彩信息的 RGB 色值分别代表 X、Y、Z 三个方向上的位移。法线贴图本质上只改变了光线在材质表面的传播方式，并没有产生实际的模型形变。

6.2.3　添加环境效果

◆　**任务描述**

在本节内容中，我们要为已经搭建好的虚拟现实场景添加一些环境特效，以此来进一步丰富场景内的视觉体验。

◆　**任务目标**

（1）调整相机拍摄角度，显示场景内容。

（2）导入移动脚本，合理设置参数，使镜头在场景中自由移动。

（3）合理设置光源，优化阴影显示效果。

（4）为场景添加天空盒，设置天空盒材质，提升场景环境表现。

6.2.3.1　工作流程

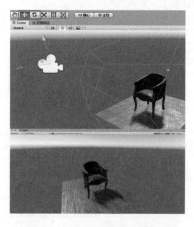

图 6-78　调整相机视角

（1）选择"层级"面板中的"Main Camera"相机对象，使用顶部工具栏中的"移动工具"拖动调整相机的位置，使用"旋转工具"转动相机的拍摄角度，在"游戏"视口中预览相机的拍摄画面，将相机视角调整到合适的状态，展示出场景的整体全貌，如图 6-78 所示。

（2）用鼠标按住并拖动脚本文件"CameraFree"，放置于 Unity 中"项目"面板下方的空白处，将其导入 Unity 项目中。选择"层级"面板中的"Main Camera"相机对象，拖动"项目"面板中的"CameraFree"脚本文件，放置于"检查器"面板下方空白处，将脚本组件挂载至相机下，如图 6-79 所示。

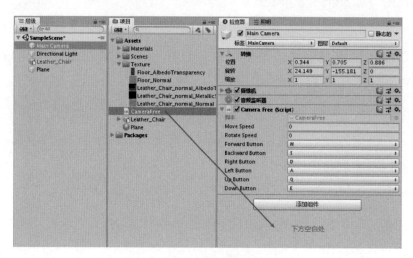

图 6-79　挂载脚本组件

（3）继续在"检查器"面板中设置"Camera Free"组件下的"Move Speed"（移动速度）与"Rotate Speed"（旋转速度）参数。单击激活顶部工具栏的"播放"按钮，待按钮转为蓝色时场景进入运行测试模式。在运行模式下，通过键盘【W】、【A】、【S】、【D】键控制相机的前后左右移动；【Q】、【E】键控制相机的升降；按住鼠标左键拖动、转动视角，进行相机活动测试。在"游戏"窗口中观察运行模式下的相机活动状态，再次单击顶部工具栏的"播放"按钮关闭运行模式，并对相机的活动参数进行修正。反复调试，将相机的速度调整至合适状态，如图 6-80 所示。

（4）选择"层级"面板中的"Directional Light"平行光对象，使用顶部工具栏中的"旋转工具"调整光源的照射角度，改变阴影的投影位置，如图 6-81 所示。

图 6-80　调整相机运行速度

图 6-81　调整光照角度

（5）在"检查器"面板中调整"灯光"组件的多项参数，优化环境光线与阴影表现效果。其中，调整"颜色"可以改变光照色调，调整"强度"可以调整光照强弱，"阴影类型"建议选择高质量的"软阴影"。在"实时阴影"分类下，"强度"可以调整阴影的透明度，"分辨率"可以调整阴影的清晰程度；"偏离"用来设置阴影与模型相交位置的距离，如图 6-82 所示。

图 6-82　调整灯光参数

（6）新建材质球，将其命名为"Skybox"。在"检查器"面板中将"Shader"（着色器）设置为"Skybox/Procedural"类型，如图 6-83 所示。

（7）在顶部菜单栏选择"窗口"→"渲染"→"照明设置"选项，将弹出的"照明"面板排列至"检查器"标签页右侧。拖动材质球文件"Skybox"放置于"照明"面板下"天空盒材质"

通道内，替换原有默认材质，如图 6-84 所示。

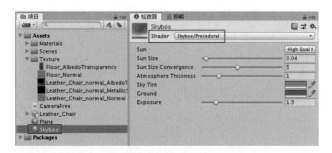

图 6-83　更改材质球着色器类型

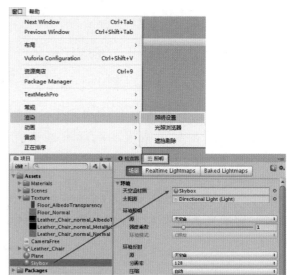

图 6-84　替换天空盒材质

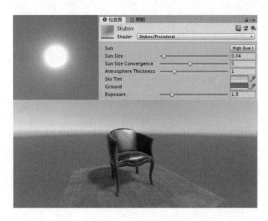

图 6-85　调整天空盒材质

（8）选择"Skybox"材质球文件，在"检查器"面板中调整各项参数，改变天空盒的表现效果。"Sun"建议选择"High Quality"（高质量），"Sun Size"可以调整太阳的尺寸大小，"Sun Size Convergence"用来调整太阳光晕的大小；"Atmosphere Thickness"可以改变环境光的照射效果，"Sky Tint"和"Ground"可以分别调整天空与地面的颜色；"Exposure"用来调整天空盒的整体曝光，如图 6-85 所示。

6.2.3.2　知识与技能

Unity 基础灯光设置参数简介如下。

①类型：灯光对象的当前类型。

②颜色：光线的颜色。

③模式：Realtime 实时/Mixed 混合/Baked 烘焙。

④强度：光线的明亮程度。

⑤间接乘数：间接光的明亮程度。

⑥阴影类型：No Shadows（无阴影）/Hard Shadows（硬阴影），锯齿强度比较明显/Soft Shadows［软（柔和）阴影］，软阴影效果比硬阴影效果好，但是耗费性能。

实时阴影设置参数简介如下。

①强度：阴影的黑暗程度。

②分辨率：阴影的细节水平。

③偏离：用于比较灯光空间的像素位置与阴影贴图的值的偏移量，影子显示错位时可进行调整。

6.2.4　生成演示作品

◆ **任务描述**

在本节内容中，我们通过合理设置路径与参数，将已有的虚拟现实作品导出成可供观赏的文件，并进行播放测试。

◆ **任务目标**

（1）合理设置项目导出路径。

（2）正确导出项目演示文件。

（3）能够进行播放测试。

6.2.4.1　工作流程

（1）在项目根目录下新建文件夹，命名为"Output"。在 Unity 面板顶部菜单栏选择"文件"→"Build Settings"（生成设置）选项，在弹出的设置窗口中单击"添加已打开场景"按钮，将当前场景载入。单击"生成"按钮，在弹出的路径选择窗口中选择刚才新建的"Output"文件夹，单击"选择文件夹"按钮完成输出路径的设置。等待项目生成完毕，弹出"项目输出文件夹"窗口，如图 6-86 所示。

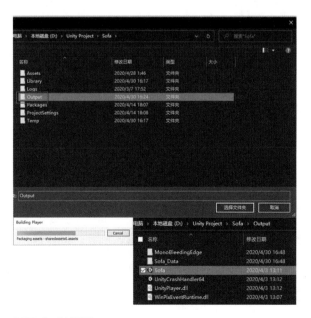

图 6-86　项目生成设置

（2）在项目输出文件夹中单击"Sofa"可执行文件，在弹出的配置窗口中勾选"Windowed"（窗口化），单击"Play!"按钮进行项目的运行与演示，如图 6-87 所示。

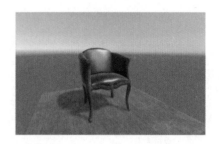

图 6-87　项目运行与演示

6.2.4.2　知识与技能

Unity 工程根目录下，有三个特殊文件夹，分别为 Assets、Library、ProjectSettings。

① Assets：Unity 工程中所用到的所有 Assets 都放在该文件夹中，是资源文件的根目录，很多 API 都是基于这个文件目录的，查找目录都需要带上 Assets，比如 AssetDatabase。

② Library：Unity 会把 Assets 下支持的资源导入成自身识别的格式，以及编译代码成为 DLL 文件，都放在 Library 文件夹中。

③ ProjectSettings：编辑器中设置的各种参数。

考核评价

◆　考核项目

（1）数字视频制作

将班级学生按 4 人一组进行分组，每组同学均需完成一部数字视频作品的制作。视频制作完成后，将所完成的项目在班级进行展示，并详细讲解自己的创意主题与脚本构思，其他同学为该项目评分。

项目内容为校园宣传片：①学校历史。通过展现学校丰富的历史文化信息，使学校超越单面的物的存在而成为立体的文化生活的存在，将学校的历史从只是数字的历史，展示出活生生的学校文化存在的历史。②知名校友。校友就是母校最好的"名片"。可与校友联系沟通好，校友亲身讲述，从不同的侧面诠释出学校培养学生生命力，让学生实现不同可能性的教育理念。这种现身说法，更具有亲和力，也较容易引发观众的共鸣。③学校环境。良好的自然环境是良好校园环境的一部分，师生的良好精神面貌其实也是良好校园环境的一部分，在宣传片中，应展现同学们良好的精神面貌，将学校良好的校园环境充分展示出来。④师资力量。学校的基础硬件设施固然重要，但更重要的是学校优秀教师资源的配备。教师队伍的教龄和资质，是判定学校师资力量的关键因素。强大的师资力量就是学校的根，是宣传片必须表现的部分。⑤校园活动、学生社团和文体活动等。丰富的课余文体活动，才是全面贯彻党的教育方针，才能培养中国特色社会主义事业的合格建设者和接班人。

请收集学校的历史文化、知名校友、学校环境、师资力量、校园活动等资料，制作一个介绍校园的宣传片。

（2）虚拟现实制作

请同学参考所学内容，完成书房室内设计项目的制作并进行虚拟现实项目演示。设计需求如下：

① 业主信息：35 岁男性，工作时间稳定。

② 设计风格：干净明亮，简洁，富有现代感，实用性强。

③ 房间尺寸：$10m^2$。

④ 室内家具：至少需要有沙发/椅子、茶几、灯、书架这几件必备家具，其他组件及装饰可根据设计需要酌情添加。

请根据设计需求，挑选合适的模型组件来搭建场景，进行室内设计的布局规划，并通过调整模型材质、灯光等多种元素，进一步确定室内设计风格，最终在虚拟现实空间中实现场景的自由游览。

◆ **评价标准**

根据项目任务的完成情况，从以下几个方面进行评价，并填写表 6-1。

（1）方案设计的合理性（10 分）。

（2）设备和软件选型的适配性（10 分）。

（3）设备操作的规范性（10 分）。

（4）小组合作的统一性（10 分）。

（5）项目实施的完整性（10 分）。

（6）技术应用的恰当性（10 分）。

（7）项目开展的创新性（20 分）。

（8）汇报讲解的流畅性（20分）。

表6-1　评价记录表

序号	评价指标	要求	评分标准	自评	互评	教师评
1	方案设计的合理性（10分）	各小组按照项目内容，对项目进行分解，组内讨论，完成项目的方案设计工作	方案合理，得8~10分； 方案需要优化，得5~7分； 方案不合理，需要重新讨论后设计新方案，得0~4分			
2	设备和软件选型的适配性（10分）	各小组根据方案，对设备和软件进行选择和应用	选择操作简便，应用简单的设备和软件，得8~10分； 满足项目要求，但操作不简便，得5~7分； 重新选择得0~4分			
3	设备操作的规范性（10分）	各小组根据设备和软件的选型进行操作	能够规范操作选型设备和软件，得8~10分； 没有章法，随意操作，得5~7分； 不会操作，胡乱操作，得0~4分			
4	小组合作的统一性（10分）	各小组根据项目执行方案，小组内分工合作，完成项目	分工合作，协同完成，得8~10分； 组内一半人员没有参与项目完成，得5~7分； 一人完成，其他人没有操作，得0~4分			
5	项目实施的完整性（10分）	各小组根据方案，完整实施项目	项目实施，有头有尾，有实施，有测试，有验收，得8~10分； 实施中，遇到问题后项目停止，得5~7分； 实施后，没有向下推进，得0~4分			
6	技术应用的恰当性（10分）	项目实施使用的技术，应当是组内各成员都能够熟练掌握的，而不是仅某一个人或者几个人会应用	实现项目实施的技术全部都会应用，得8~10分； 组内一半人会应用，得5~7分； 只有一个人会应用，得0~4分			
7	项目开展的创新性（20分）	各小组领到项目后，要对项目进行分析，采用创新的手段完成项目，并进行汇报、展示	实施具有创新性，汇报得体，得16~20分； 实施具有创新性，但是汇报不妥当，得10~15分； 没有创新性，没有汇报，得0~9分			
8	汇报讲解的流畅性（20分）	各小组要对项目的完成情况进行汇报、展示	汇报展示使用演示文档，汇报流畅，得16~20分； 没有使用演示文档，汇报流畅，得10~15分； 没有使用演示文档，汇报不流畅，得0~9分			
总　分						

小组成员：＿＿＿＿＿＿＿＿＿＿＿＿＿＿＿＿＿＿

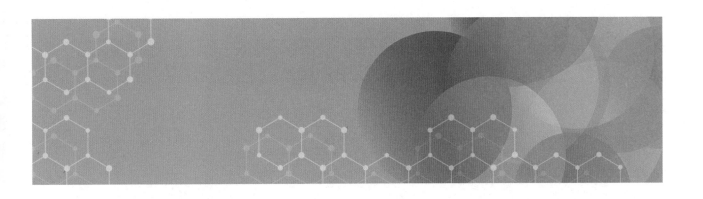

模块8　个人网店开设

随着互联网、人工智能、云计算、大数据等技术的发展，电子商务不断走向成熟。2019年1月1日，《中华人民共和国电子商务法》正式实施，这为电子商务的长期健康发展提供了更有利的环境，为更多从业者提供了机遇和公平的竞争环境，越来越多的人投身到电子商务的大潮中来。电子商务充满无限活力，蕴含无限可能。本模块以个人网店为依托，帮助同学们了解开设网店的基本思路和操作流程，增强信息意识，提升信息素养，帮助大家打开实现职业理想和创业梦想的一扇窗口。

职业背景

随着我国电子商务迅速发展，社会人群对网络购物的热情与日俱增，网络购物市场一直保持较快的发展。随之而来的是人才需求量的不断增加，导致我国急需各类电子商务专业人才，主要包括：

（1）技术类岗位，如网店美工，从事平台颜色处理、文字处理、图像处理、视频处理等工作。

（2）商务类岗位，如网络营销人员，利用网站推广网上业务，进行网络品牌管理及网络客服等工作。

（3）管理类岗位，如电子商务部门经理，从事企业电子商务整体规划、建设、运营和管理等工作。

职业教育作为人才培养的重要渠道，是社会发展的巨大推动力。职业学校适合培养网店客服、网店美工、网店推广等专业技术人才，学生熟练掌握相关技术，通过实践学习与实训能够很好地胜任相关工作，并为进一步的职业发展打下坚实的基础。同时，社会也期待越来越多的创业者投身到电子商务创业的大潮中来，同学们可以通过开设网店来实现自己的创业梦想。

学习目标

1. 知识目标

（1）掌握个人网店开设规则、条件和流程。

（2）学会借鉴优秀网店实际案例。

2. 技能目标

（1）会在电子商务平台注册开设网店。

（2）会进行店铺的简单装修。

（3）会制作产品宣传素材并上传。

（4）会管理维护网店。

3. 素养目标

（1）增强信息意识，引导学生通过对开设网店知识与技能的学习和应用实践，养成利用信息化手段解决生活实际问题的习惯。

（2）树立信息社会责任意识，通过开设个人网店的具体规范，培养学生遵守电子商务法律法规。

（3）培养团队协作意识，增加团队协作能力。

任务 1　注册开设网店

◆ **任务描述**

网店是电子商务的一种形式，是一种能够让消费者在互联网上浏览商品的同时进行实际购买，并且通过各种在线支付手段完成交易全过程的网站，是用来实现商品或服务交易的虚拟空间。个人网店主要指经营主体是个体工商户或无须企业资质的个人，以第三方平台为依托开设的入驻型网店。本节将以淘宝网为第三方平台，学习注册开设网店的基本操作。

◆ **任务目标**

（1）能够完成登录淘宝网的流程及淘宝网会员的注册。

（2）能够在电脑端完成淘宝网开店流程。

（3）能够使用手机端快速开通"淘小铺"。

8.1.1　工作流程

1. 注册淘宝网账号，成为淘宝网会员

在淘宝网开设个人店铺，首先要成为一名淘宝网会员。如果你已经拥有了淘宝网账号并已经成功进行了网络购物，请自动跳过本任务。

（1）注册淘宝网账号。

账户未登录情况下，单击淘宝网首页左上角"免费注册"选项，如图 8-1 所示。

根据页面提示输入手机接收到的验证码进行验证，完成淘宝网会员注册，账号、密码一定要记牢。淘宝网用户注册界面如图 8-2 所示。

图 8-1　淘宝网首页注册　　　　　　图 8-2　淘宝网用户注册界面

（2）点击淘宝网首页左上角的"亲，请登录"按钮，使用已经注册好的账号登录淘宝网。

2. 在电脑端完成淘宝网开店流程

（1）从淘宝网首页进入"千牛卖家中心"→"免费开店"，如图 8-3 所示。

（2）选择开店类型，在两种类型的店铺中选择"个人店铺"，如图 8-4 所示。

图 8-3　免费开店　　　　　　图 8-4　选择店铺类型界面

（3）申请开店认证。根据页面提示完成支付宝实名认证、淘宝实人认证等认证项目。单击进入后完成余下的步骤，如图 8-5 所示。

（4）创建店铺，通过"卖家中心"→"店铺管理"→"店铺基本设置"，完成店铺基本设

置，成功开店，如图8-6所示。

图8-5　申请开店认证　　　　　　　图8-6　店铺基本设置

3. 在手机端快速开通"淘小铺"

（注意：年满18周岁以上的用户可在老师指导下注册手机淘宝App）

（1）打开手机应用市场，搜索应用"淘小铺"，下载并安装，如图8-7所示。

（2）打开并登录"淘小铺"，使用淘宝网或支付宝账号即可快速登录，如图8-8所示。

（3）立即开通，成为体验掌柜，如图8-9所示。

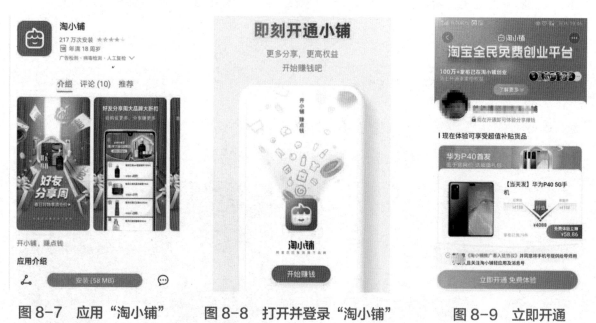

图8-7　应用"淘小铺"　　　图8-8　打开并登录"淘小铺"　　　图8-9　立即开通

8.1.2　知识与技能

1. 个人网店开设首选平台——淘宝网

淘宝网作为中国最大的电商交易平台，经过多年的发展，聚集了大量的网购用户，加之开店门槛低，吸引了数以百万的店主在淘宝网上开设个人网店。

（1）淘宝网开店条件。

① 阿里巴巴工作人员无法创建淘宝店铺。

② 一个身份证只能创建一个淘宝店铺。

③ 同账户如创建过 U 站或其他站点，则无法创建淘宝网店铺，可更换账户开店。

④ 同账户如创建过天猫店铺，则无法创建淘宝网店铺，可更换账户开店。

⑤ 同账户如在阿里巴巴网有过经营行为，则无法创建淘宝网店铺，可更换账户开店。

⑥ 淘宝网账户如果违规被淘宝处罚永久禁止创建店铺，则无法创建淘宝网店铺。

⑦ 经淘宝网排查认证，实际控制的其他淘宝网账户被淘宝网处以特定严重违规行为处罚或发生过严重危及交易安全的情形，则无法创建淘宝网店铺。

（2）淘宝网开店需要准备的资料。

申请在淘宝网开店需要提前准备好若干资料，包括居民身份证、常用手机号码、银行账号。注意：银行卡需开通网上银行，且持卡人姓名、银行预留手机号码与开店人使用的身份证、手机号码信息一致。

此外，还应提前考虑淘宝网会员名。由于淘宝网会员名一经注册就不能修改，且会员名将展现在平台页面当中，因此一定要慎重决定。最好具有一定的代表意义，可帮助卖家建立店铺形象。店铺搜索页面中的淘宝网会员名如图 8-10 所示。

在淘宝网开店之前还需要准备需要认证的照片，这些照片如果不能按照规则拍摄，认证就无法通过。有关注意事项如下：

① 手持身份证照片内的证件文字信息必须完整清晰，否则认证将不通过，如图 8-11 所示。

图 8-10　店铺搜索页面中的淘宝网会员名　　　图 8-11　手持身份证进行认证

② 身份证有效期根据身份证背面（国徽所在的面）的信息准确填写，否则认证将不通过，如图 8-12 所示。

身份证背面的有效期不是长期的用户不要选择"长期"选项，否则审核不通过，如图 8-13 所示。

图 8-12　身份证有效期填写准确（1）

③ 如需上传身份证背面照片，要确保证件文字清晰完整，且身份证有效期在 1 个月以上，如图 8-14 所示。

图 8-13　身份证有效期填写准确（2）

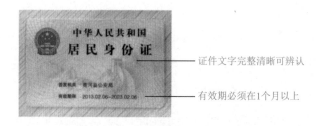

证件文字完整清晰可辨认

有效期必须在1个月以上

图 8-14　身份证背面照清晰完整

④ 填写完所需资料后，单击页面下方的"提交"按钮，如图 8-15 所示，然后等待认证结果。淘宝网会在 48 小时内完成认证。

（3）店铺基本信息填写。

创建店铺成功后，需要对店铺的若干基本信息进行设置，包括店铺名称、店铺标志、店铺简介、经营地址、主要货源和店铺介绍这些主要信息。

店铺名称就是给自己的个人网店起名。好的店铺名称可以在情感上拉近与买家的距离，让买家产生好感；好的店铺名称可以给买家正规专业的品牌印象，从而促成购买；好的店铺名称还可以方便买家记忆，更容易形成二次销售。店铺名称不仅会展现在网店页面的醒目位置，还将展现在各类平台页面中，如图 8-16 所示。

图 8-15　提交

图 8-16　展现在平台页面中的店铺名称

因此，开店之初，给自己的店铺起一个好名称是非常必要的。

店铺起名时需要注意以下方面：

① 通俗易懂，简单好记。千万注意：不要采用生僻字。

② 起名时尽可能与自己的店铺定位相吻合。充分考虑自己的产品定位、目标客户定位、价格定位等因素。

③ 遵守淘宝网相关规则。淘宝网规定：为了保障店铺名及店铺其他信息的规范性，淘宝集市店铺名中不允许出现如"旗舰店""专卖店"或与"旗舰"近似的违规信息；或非全球买手的商家使用"买手/全球购"等违规信息。

④ 遵守广告法相关规定。在《广告法》中明确规定一批"极限词"不能出现在产品宣传介绍中，店铺名称也适用于此规定。

⑤ 虽然店铺名称可以修改，但考虑到店铺经营的连续性和稳定性，应尽量避免频繁修改。

2. 淘宝全民免费创业平台——淘小铺

2020 年 1 月 15 日，淘小铺正式上线。

淘小铺是淘宝最新推出的一键创业平台。用户只要下载"淘小铺"App，注册成为掌柜，就可以在淘宝网上轻松拥有一家自己的小铺，之后在平台提供的优质货源中进行选择，并一键将好物分享给他人。只要有人下单，用户就可以获得一定的收益，没有成本，也不需要担心发货与售后，一切都依托于阿里巴巴平台。与其他创业产品相比，淘小铺的优势主要体现在以下两点。

首先是货品优势。淘小铺依托强大的阿里巴巴生态背景，整合天猫品牌商、淘宝原创店铺、生产型企业、工厂农场等优质供应商，采用小铺直供的方式，直接底价供货，保证正品。这其中包括海外渠道的一手货源直接供货的产品、由品牌商或品牌授权商直接供货的产品、精选原产地基地直接供货的产品，以及由高品质高标准工厂直接供货的产品。

其次是交易保障。淘小铺建立在淘宝成熟的交易体系之上，有官方客服作为后盾，小铺的运营更有专业服务团队的支撑，因此，淘小铺上的交易稳妥、可信赖。

在淘小铺注册成为掌柜后，可向 5 位熟人分享商品，一键分享功能让用户直接将商品分享到微信群。产生购买后淘小铺掌柜即可获得一定比例的佣金奖励，获得的佣金可以提现到支付宝。与淘宝网卖家不同，淘小铺掌柜只聚焦于销售场景，发货和售后则由平台内的供应商负责完成。上述特点使淘小铺具有很强的社交电商属性。

以上是在淘宝网开通个人网店的主要方法和步骤。由于淘宝网店针对电脑端和手机端的操作方法存在一定差异，限于本书篇幅，下面将重点介绍电脑端的操作方法。

任务 2　装修与美化网店

◆ 任务描述

视觉营销作为电子商务时代最直观、最基础的营销手段，它通过视觉的冲击和审美视觉感观提高消费者和潜在消费群体的兴趣，达到产品或服务的推广目的。在个人网店装修中，网店首页是视觉营销的工作重点，通过对网店标志、网店招牌、海报等一系列内容的视觉展现，向顾客传达网店风格、服务理念和品牌文化，从而最大限度地留住买家，最终实现销售。本节将以视觉营销基本理念为指导，设计制作简单的网店标志、网店招牌及海报并上传平台，完成装修与美化网店的工作。

◆ **任务目标**

（1）能够理解视觉营销的基本理念。

（2）能够设计制作网店标志、网店招牌及海报。

（3）能够将设计好的网店标志、网店招牌及海报上传到平台。

8.2.1　工作流程

1. 学习优秀网店的首页装修技巧

（1）在淘宝网上搜索拟经营的同类产品或服务的网店，如图 8-17 所示。

图 8-17　搜索网店

（2）在网店类型中选择"淘宝金冠网店"，且使用"销量排序"等方式进一步找到其中的优秀网店。搜索优秀网店如图 8-18 所示。

（3）搜索列表中的网店标志展示如图 8-19 所示。分析不同网店的网店标志在色彩、文字及图案等方面是怎样展示网店风格的。

图 8-18　搜索优秀网店

图 8-19　搜索列表中的网店标志展示

（4）单击"网店标志"进入优秀网店的首页，查看网店招牌及海报在色彩、文字及图案等方面是怎样展示网店风格的。查看网店首页网店招牌与海报如图 8-20 所示。

图 8-20　查看网店首页网店招牌与海报

2．设计制作网店标志、网店招牌和海报

（1）设计网店标志。

学习借鉴优秀网店的网店标志设计理念，自选熟悉的图形图像处理工具，结合个人网店的风格完成网店标志设计。设计要求如下：

- 文件格式为 GIF、JPG、JPEG、PNG。
- 文件大小在 2MB 以内。
- 建议尺寸为 80×80 PX（像素）。

（2）设计网店招牌。

学习借鉴优秀网店的网店招牌设计理念，自选熟悉的图形图像处理工具，结合个人网店的风格完成网店招牌设计。设计要求如下：

- 文件格式为 JPG。
- 建议尺寸为 950×120 PX（像素）。

（3）设计海报。

学习借鉴优秀网店的海报设计理念，自选熟悉的图形图像处理工具，结合个人网店的风格及营销重点完成海报设计。设计要求如下：

- 文件格式为 JPG。
- 建议尺寸为 950×600 PX（像素）。

3. 上传网店标志、网店招牌和海报

（1）上传网店标志。

网店标志上传路径及位置："卖家中心"→"店铺管理"→"店铺基本设置"，如图 8-21 和图 8-22 所示。

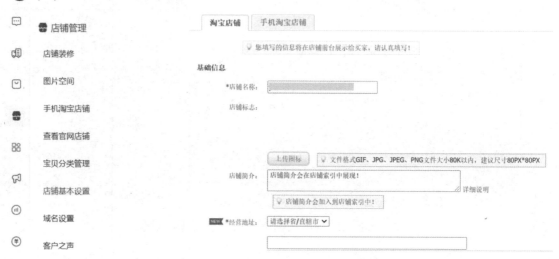

图 8-21　网店标志上传路径　　　　　　图 8-22　网店标志上传位置

（2）上传网店招牌及海报。

网店招牌与海报上传路径："卖家中心"→"店铺管理"→"店铺装修"，如图 8-23 所示。分别单击网店招牌及海报位置右上角的"编辑"字样，根据页面提示完成操作即可。网店招牌与海报上传位置如图 8-24 所示。

图 8-23　店招与海报上传路径　　　　　　图 8-24　网店招牌与海报上传位置

8.2.2　知识与技能

1. 网店风格与视觉营销

淘宝网网店的装修风格多种多样,常见的风格包括时尚风格、简约风格、可爱风格、小清新风格、中式风格、欧美风格、炫酷风格、手绘风格等。但无论哪一种风格,都要最大限度地促进产品与买家之间的联系,最终实现销售,同时提升视觉冲击力,推广企业品牌文化。这就是视觉营销,其目的就是营造视觉冲击,提高顾客潜在的兴趣,促进产品和服务的转化。

不同的网店风格是如何通过视觉营销的方式最终传达给买家的呢?先来看几个例子。

简约风格的网店首页如图 8-25 所示。这是各种类目中经常使用的一种视觉风格,它以简洁的形式满足首页装修的要求。一般色彩纯净、自然,不用过于复杂的装饰和设计,以宁缺毋滥为精髓,在简单、舒适中体现页面的精致。

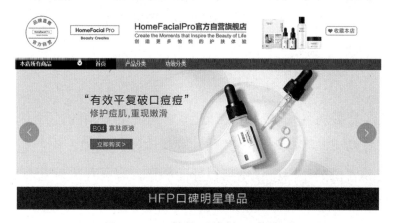

图 8-25　简约风格的网店首页

可爱风格的网店首页如图 8-26 所示。这类风格经常出现在休闲食品、服装、宠物等类目的网店中。这种风格常使用黄色、绿色、青色等为代表的明亮色彩,同时搭配可爱有趣的卡通形象,使页面充满律动感。

图 8-26　可爱风格的网店首页

中式风格的店铺首页如图 8-27 所示。伴随着我国经济文化的全面复兴,近年来中式风格成为时尚，在家居、食品、服装、家具等多种类目当中得到应用。页面的色彩往往选取"朱红""明黄"等极具中国味道的色彩，同时搭配大量中国元素的图案，营造浓郁的中式风格。

图 8-27　中式风格的网店首页

对风格产生重要影响的视觉要素主要包括以下几个方面：

（1）色彩。

这是最直观、最容易影响买家心理的设计元素。在视觉营销的过程中，色彩起着非常重要的作用。不同的色彩能够引起买家不同的联想和视觉刺激。例如，红色充满激情，情感强烈，容易让人联想到华丽或喜悦的氛围；绿色则宁静而和谐，容易让人联想到大自然。因此，需要综合考虑网店的定位和买家的审美习惯或偏好，以此选择适当的色彩。在网店装修中，色彩的使用不是单一的，往往采用主色彩+搭配色彩的方式，选择 3～5 种标准色彩在整个网店中统一使用，以便打造统一的视觉风格。一般情况下，色彩种类控制在 3 种以内，会给人沉稳、高雅的感觉，因此品牌型店铺或高价位的网店经常使用这种配色方式；3 种以上的色彩则给人热闹、活泼、青春的感觉，营销型网店或平价网店比较常用。

（2）文字。

文字在视觉营销中也起着非常重要的作用。网店页面中包含大量的中文、英文和数字信息，这些信息除了在内容上的精心设计外，还必须通过适当的字体、字号展现出来。由于不同字体同样能够展现出不同的视觉风格，因此，网店需要选择适合自身网店定位的字体。同样，为了统一网店风格，一个网店的字体数量不宜超过 5 种。其中中文字体 2 种，分别用于标题和内文描述。数字字体和英文字体各 1 种，其他特殊字体 1 种。

（3）布局。

在网店页面中，小到网店标志，大到整个网店首页，都存在一个如何确定所有的视觉元素在画面中的大小、位置和排列顺序的问题。好的布局不仅能够使画面和谐美观，还能突出营销重点，促进商品销售。关于布局，将在后面的海报设计制作中进一步介绍。

2.　店标

店标即网店标志，又称网店 Logo，它是识别网店的标志，在视觉营销中具有重要的意义。它通过造型简洁和意义明确的视觉符号来定位和传递网店形象。网店标志可以代表网店的风格、品位，起到宣传网店的作用。它主要展现在电脑端网店招牌和网店搜索页中，也会作为网店宣传的关键识别元素出现在平台活动页位置。网店搜索页中的网店标志如图 8-28 所示。

图 8-28　网店搜索页中的网店标志

网店标志在设计时一定要从网店自身定位出发，精心选择符合网店风格的色彩、字体、图案等关键元素。设计时要注意原创性。简洁明了、线条流畅、整体美观就是一个好的网店标志设计。当然，设计网店标志同样需要遵守法律的相关规定。

常见的网店标志设计主要采用以下几种形式：

（1）纯文字 Logo，以文字或字母为主体，通过排列、变形、变色等方式设计网店标志，如图 8-29 所示。

（2）纯图形 Logo，只以具体的图形为设计主体，更加直观醒目，如图 8-30 所示。

图 8-29　纯文字 Logo　　　　　　　　　　图 8-30　纯图形 Logo

（3）图文结合 Logo，综合使用上述两种元素，图文并茂、形象生动，如图 8-31 所示。

图 8-31　图文结合 Logo

3. 店招

店招即网店招牌，它展现在网店内每一个页面的最上端（"淘宝网"字样的下面），是打开页面时最先被买家看到的重要信息之一。因此，网店招牌具有非常重要的宣传作用，可以集中展现网店的经营项目、经营理念，是体现网店风格和营销重点的关键场所，如图 8-32 所示。

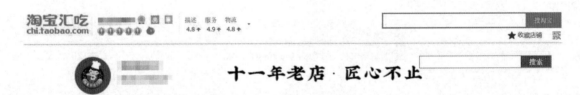

图 8-32　网店招牌

网店招牌内容通常包括网店标志、网店名称、网店标语（Slogan）、经营项目等，也可以包含搜索框、关注本店、收藏本店、红包等营销元素。一般来说，网店招牌的设计要突出网店形象，简明扼要地对网店进行最有效的阐释。需要注意的是，网店招牌也并不是一成不变的，可以随着营销重点的变化及时调整更新。至于色彩、文字和版式的设计，依然要与网店定位相吻合，与店内整体的视觉营销属性统一协调。

4. 海报

海报是网店首页的灵魂。它是首页的视觉焦点，是吸引买家视觉停留并形成转化的最重要手段。与网店标志和网店招牌相比，海报除了树立网店形象、传达网店风格外，还承担了更多的营销功能，经常用来展示店内活动通知和新品更新等重要任务。

海报设计要注意以下要点。首先，设计应围绕营销主题，文案内容是海报设计的内核；其次，海报设计力求鲜明醒目，整体具有较强的视觉冲击力；最后，海报与网店招牌等共同构成首页，因此色彩和文字的使用上依然要保持一定的统一性，符合网店整体视觉风格，与网店定位相吻合。

除了上述要点以外，海报设计中还有一个重要环节——排版布局。由于海报设计尺寸较大，可以承载更多的视觉信息（如文案、商品图片、模特图片等）。此时，这些视觉元素在整个海报中的大小和位置将直接影响海报设计的美观程度和营销效果，这就涉及海报排版布局的问题。几种常见的布局方式介绍如下。

（1）两栏结构网店招牌，如图 8-33 所示。采用左图右文或左文右图的两栏结构进行布局。这种方式结构稳重，视觉效果平衡，图片与文案宣传并重。

（2）上下结构网店招牌，如图 8-34 所示。采用垂直分割的方式，上下布局。这种方式非常容易形成视觉焦点，能够突出海报主题。

图 8-33　两栏结构网店招牌　　　　　图 8-34　上下结构网店招牌

（3）三栏结构网店招牌，如图 8-35 所示。采用水平分割多栏的方式，分别放置商品图、文案、模特图等。这种方式画面层次感更强，信息量更大。

图 8-35　三栏结构网店招牌

（4）倾斜结构网店招牌，如图 8-36 所示。不采用传统的垂直和水平分割方式，用倾斜来打破画面的平衡感 。这种方式往往能够使画面显得更加具有动感而充满时尚活力。

图 8-36　倾斜结构网店招牌

任务 3　制作产品宣传素材

◆　**任务描述**

　　个人网店中，商品详情页是商品宣传的主要阵地，更是线上买家主要的流量入口。因此，商品详情页必须集中展示商品功能、商品参数、商品特点，帮助买家充分地了解商品，打消疑虑，激发购买欲望，促成交易转化。商品详情页主要包含 4 类要素：商品图片、商品视频、商品参数信息及商品详情描述。本节将聚焦商品图片与商品详情描述这两类产品宣传素材的设计制作。

◆　**任务目标**

　　（1）能够理解商品卖点提炼基本思路。
　　（2）能够结合 FABE 法则[①]完成商品图片的设计与制作。
　　（3）能够结合描述逻辑完成商品详情描述的设计与制作。

8.3.1　工作流程

1. 学习优秀网店的详情页设计技巧

　　（1）使用关键词在淘宝网上搜索拟经营的同类产品或服务，比如，搜索拟经营的数码产品"老人机"。分析搜索页面中销量排序靠前的商品主图设计特点，找到主图展示的核心卖点及其他辅助信息。"老人机"搜索结果，如图 8-37 所示。

---

① 在 FABE 法则中，F 代表的是商品的特征，即商品的功能、属性、参数、特性等；A 代表这一特征所产生的优点，即商品特征发挥了什么功能和效果；B 代表这一优点能带给客户的利益和好处；E 代表证据，即证明这一优点的相关材料，包括技术报告、测评视频、买家好评、销量等。

（2）选择若干感兴趣的商品，点击进入其详情页，查看首屏左侧的 5 张商品图片，了解它们分别展示了哪些商品卖点。详情页左侧商品图片展示如图 8-38 所示。

图 8-37　"老人机"搜索结果　　　　　图 8-38　详情页左侧商品图片展示

（3）查看商品详情页中的商品详情描述，试着找到商品的描述逻辑，如图 8-39 所示。

图 8-39　商品详情页中的商品详情描述部分

2. 结合 FABE 法则完成商品图片的设计与制作

（1）围绕拟经营的商品或服务提炼商品卖点，填写表 8-1。

表 8-1　商品卖点提炼表

商品或服务名称	
卖点 1	
卖点 2	
卖点 3	

（2）从提炼出的卖点中选择最有可能打动买家的卖点，利用 FABE 法则进行分析，填写表 8-2。

表 8-2　FABE 法则

卖点描述	特征 F	优点 A	利益 B	证据 E

（3）根据以上分析形成卖点文案。自选熟悉的图形图像处理工具完成商品图片的设计，设计要求如下：

- 文件格式为 JPG。
- 文件大小在 3MB 以内。
- 宽、高比为 1∶1（图片为正方形）。
- 建议尺寸为 700×700 PX（像素）。

3. 结合商品描述逻辑完成商品详情描述的设计与制作

（1）围绕拟经营的商品或服务思考商品描述逻辑，填写表 8-3。

表 8-3　商品详情描述逻辑

商品名称	商品详情描述逻辑
	1.
	2.
	3.
	4.
	5.

（2）根据以上描述逻辑，自选熟悉的图形图像处理工具完成简单的商品详情图设计，设计要求如下：

- 文件格式为 JPG。
- 文件大小在 3MB 以内。
- 图片宽度为 750 PX（像素），图片高度不限。

8.3.2　知识与技能

1. 商品详情页与商品卖点提炼

一个优秀的商品详情页，并不是大量图片的简单堆砌。能够吸引买家停留和转化的关键是商品详情页中是否展示了与买家需求相契合的商品特点，我们把这样的特点称为商品卖点。因此，在设计之前，应该首先耐心细致地提炼出能够打动买家的商品卖点。商品卖点提炼的基本思路如下。

（1）确定商品的目标客户人群。我们可以使用平台工具（如生意参谋）或第三方平台工具（如百度指数）等，寻找买家的性别、年龄、行为习惯等客户特征信息。根据这些信息，精准定位哪些人群可能购买这一商品。例如，百度指数人群画像如图 8-40 所示，搜索"老人机"这一关键词的客户中男性要多于女性。

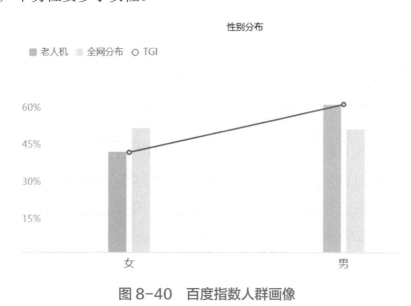

图 8-40　百度指数人群画像

（2）挖掘商品自身优势。将商品目标客户人群行为习惯与产品属性相对照，从产品的外观、材料、工艺、功能、使用场景、售后服务等多个方面进行挖掘，找到满足目标客户人群某种特定消费需求的角度，从而形成商品卖点。例如，某品牌"老人机"在功能上非常突出的卖点就是超长待机，这就是在挖掘自身产品优势，与目标客户的需求相契合。

（3）寻找目标客户痛点。研究目标客户人群使用此类商品的场景，深挖使用过程中给客户带来不适感的环节，从这些环节中找到商品卖点。例如，老人在使用手机时由于字体问题会用到老花镜，这个使用场景被挖掘出来以后，就产生了新的商品卖点。

（4）对比竞品卖点。研究平台同类商品详情页，将竞品卖点与自己商品的卖点进行对比，从中发现差异，形成"人无我有，人有我优"的竞争优势。例如，"老人机"的超长待机功能是大多数老人机都具备的一个共同卖点，怎样做到"人无我有，人有我优"呢？比较"90 天超长待机"与"待机 120 天"这两个卖点就会一目了然。

（5）关注客户评价。可以从平台同类商品评价中查看客户评价，分别从好评和中差评两个角度发现客户关注焦点，形成商品卖点。如图 8-41 所示，某网店老人机的评价页面的这些内容都可能帮助我们找到商品卖点。

图 8-41　关注客户评价

2. 商品图片与 FABE 法则

这是一个读图的时代。网络购物中，买家通过各种商品图片的吸引进入商品详情页。这些商品图片经常展示在买家通过关键词搜索而显示的搜索页面中。买家被其中之一吸引和打动，然后单击进入商品详情页。在商品详情页中，首屏左侧醒目位置再次展示出 5 张商品图片，这些图片能够帮助买家快速建立起对商品的初步印象，决定是否查看本商品详情页的其他内容。由此可见，商品图片在商品营销过程中起着举足轻重的作用。

怎样利用这些有限的商品图片更好地表现商品的卖点，吸引买家的注意，促使其点击并转化呢？这不仅涉及商品图片的视觉设计问题，还关系到商品营销的重要理念。FABE（FAB）营销法则是在传统的商品销售过程中常用的一种营销思路，又被称为"利益推销法"。在网上购物模式中，这种方法依然可以广泛地应用于海报设计、商品描述、客户服务等诸多环节。在这里，也可以结合这一法则来完成商品图片的设计制作。

例如，一件 T 恤的卖点之一是材质为纯棉。此时，围绕这一卖点可以使用 FABE 法则来进行分析，其中的特征 F 为"材质是纯棉"，这是此 T 恤的一个特性；优点 A 为"透气吸汗"，这是由纯棉特性产生的效果；利益 B 为"夏天穿着凉爽舒适"，这是透气吸汗的优点带给客户的利益和好处；证据 E 为"检验报告"，进一步证明 100%纯棉材质。结合 FABE 法则，关于"纯棉"这一卖点，就可以有一系列的设计思路。例如，思路一强调"纯棉"，展示材质；思路二突出"透气吸汗"；思路三强调"夏天"穿着；思路四出示权威机构出具的检验报告。

但是，由于能够展示的商品图片数量有限，做不到对 FABE 法则的全面使用。在商品图片设计中则应尽可能地选择精华和亮点。例如，同样是对"老人机"待机时间长这一卖点的展示，在如图 8-42 所示网店的三张商品图片中，第一张展示了特征 F——2080 毫安电池，第二张展示了优点 A——120 天超长待机，第三张则展示了利益 B——一年只充 3 次电。你认为哪一张图片对买家更有吸引力呢？

图 8-42　运用 FABE 法则展示商品卖点

商品图片的设计还应注意以下设计上的原则：商品图片设计的风格应保持统一，在网店整体视觉营销规范的大前提下进行设计；图片内容宜简不宜繁，用最简短的文案与清晰的图片来展示卖点；图片文字和商品的大小设计应适中，过大或过小都不利于商品卖点的展示；优秀的商品图片离不开创意，引人注目的文案或别具一格的图片都可能成为打动买家的关键；严格遵守法律法规的相关规定。

3. 商品详情描述与逻辑

如果说商品主图是展示商品的一个焦点，商品详情页中的 5 张商品图片构成展示商品的一条主线，那么在商品详情页中的商品详情描述则是一个面——它将全面和详细地说明一个商品的功能、参数、特点、卖点，成为促使买家下单的最后推动力量。

由于商品详情描述提供了一个相对宽松的展示环境，信息容量很大，因此，其中可以包括很多展示模块。常见的模块有：

① 焦点图：既可以展示商品关键卖点，也可用来展示网店促销或优惠活动商品等信息。

② 商品卖点：全方位展示商品的多种卖点。

③ 商品信息：产品性能参数、尺码、设计理念等信息。

④ 商品细节图：采用放大等功能来展示商品的质量、工艺、做工等。

⑤ 商品包装：使用的包装材料、方法或风格等。

⑥ 资格展示：如网店的品牌授权书、商品检验报告、品牌展示等。

⑦ 快递与售后信息：包括物流说明、服务承诺、七天无理由退换货等。

⑧ 温馨提示：包括常见问题解答、快递签收提示、防骗提示等。

当然，以上模块在商品详情描述中的使用未必要面面俱到。设计时需要结合商品本身的特点进行有目的、有计划的选择。但是，需要特别注意的是，所选择的展示模块其排列顺序必须认真研究。换句话说，买家在从上到下浏览商品详情描述时，依次展现在买家面前的描述内容应该是经过精心排列的。那么，如何排列展示模块才能让买家更好地了解商品、促进转化呢？这就涉及描述逻辑的问题。

打个比方，一位推销员给你介绍商品，如果他一开始就平铺直叙、按部就班，这样的介绍你听得进去吗？同样的道理，好的描述逻辑必须符合买家的购买心理，从感性到理性逐渐过渡，时刻抓住买家的心。例如，常见的描述逻辑顺序如下：创意海报→商品卖点→商品信息→竞品对比→模特展示→细节展示→资质报告→品牌介绍→包装物流。

以上逻辑中，创意海报将在第一时间吸引买家注意力，商品卖点也会继续引导观看，但是推动买家下单不能仅靠吸引眼球，它还需要后续更多理性的、全方位的说明及证明，才能增加买家对商品的了解，取得信任和好感，最终达到促进转化的作用。

任务4　上传产品信息

◆ 任务描述

在完成产品宣传素材的设计与制作后，卖家就可以在淘宝网后台按照平台规则和流程，通过文字和图片等形式将产品信息上传到自己的网店中供买家浏览了，这一环节又称为商品发布。产品信息除了上节提到的商品图片和商品详情页描述，还涉及诸多内容。本节将重点完成商品类目、商品标题、商品价格、商品属性等信息的上传。

◆ 任务目标

（1）能够选择适当的商品类目。

（2）能够撰写恰当的商品标题。

（3）能够制定合理的商品价格。

（4）能够填写完整的商品属性。

8.4.1　工作流程

1．分析优秀网店的商品详情页信息

（1）使用关键词在淘宝网上搜索拟经营的同类产品或服务。例如，拟经营原创手绘 T 恤，搜索商品"手绘 T 恤"，如图 8-43 所示。

图 8-43　搜索商品"手绘 T 恤"

（2）选择若干商品查看其详情页中的商品信息，如图 8-44 所示，分析商品标题、商品价格等方面的异同。

（3）如图 8-45 所示，查看商品详情页中的商品属性信息，分析同类商品间的异同。

图 8-44　查看商品详情页中的商品信息　　　图 8-45　查看商品属性信息

2. 上传产品信息

（1）商品发布路径为"卖家中心"→"宝贝管理"→"发布宝贝"，如图 8-46 所示。

（2）选择商品类目，如图 8-47 所示。

图 8-46　商品发布路径

图 8-47　选择商品类目

（3）完成商品信息的发布，包括商品标题、商品属性、商品价格等。商品信息发布界面如图 8-48 所示。

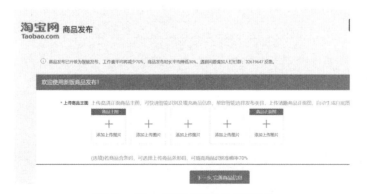

图 8-48　商品信息发布界面

8.4.2　知识与技能

1. 商品类目与选择

发布商品时首先需要完成的工作是商品类目的选择。

什么是商品类目？商品类目就是对商品进行分类，是对所有商品进行大类、中类、小类、细类等的划分，其目的在于使商品得以明确区分与体系化。随着电商平台的进一步发展，商品类目整理越来越细，一个商品可以匹配的类目常常不是唯一的。此时，就需要卖家自行选择适当的类目，否则商品无法出现在相匹配的类目中，会带来不小的流量损失。卖家在发布商品时，在平台后台的商品发布入口，平台将显示若干类目选项。一般情况下，第一个类目为最佳匹配类目。但卖家还应该考查这个类目与自己网店的主营类目是否匹配。如果匹配度都比较高，选择了合适的商品类目，就能够给网店带来更多有价值的流量。淘宝商品类目界面如图 8-49 所示。

图 8-49　淘宝商品类目界面

例如，某个人网店拟经营的商品是"原创手绘 T 恤"，针对"T 恤"这一商品可能存在哪些与之匹配的类目呢？卖家可以到淘宝网首页搜索"T 恤"，在搜索结果中查看"相关分类"，发现系统可以匹配若干种不同类目，选择"女装"类目，或是"运动服/休闲服"类目，还是"个性定制/设计服务/DIY"类目？此时需要卖家结合自己网店的定位选择最合适的商品类目。淘宝网搜索相关分类界面如图 8-50 所示。

图 8-50　淘宝网搜索相关分类界面

2. 商品标题与撰写

当买家在淘宝网上进行购物时，通常的操作是在搜索框内输入"关键词"。单击"搜索"按钮，系统会瞬间显示出数以千计的相关商品。这些商品为什么会被搜索到？是什么决定商品的搜索排名？这涉及淘宝网的搜索引擎技术。淘宝网搜索引擎技术的核心算法是非公开的，目前已知的包括类目、上下架时间、好评率、转化率等多种影响因素，其中一项对搜索结果产生重要影响的因素就是商品标题。一个商品标题与该商品目标客户搜索时使用的关键词的匹配程度，将直接影响到商品在搜索结果页中的展示情况。好的展示才会带来更多的客户流量。因此，商品标题的撰写绝不仅是给商品起个名字，这还是涉及商品推广及网店经营的重要工作。

淘宝网对于商品标题的字数限制为 60 个字符，即 30 个汉字。显然，充分使用这 30 个汉字，让商品标题在介绍商品特征的基础之上尽可能多地包含搜索量高的"关键词"，是撰写商品标题的基本思路。具体来讲，商品标题可以由以下几类词组成：

（1）类目关键词：体现商品所属类目。例如，"特价 ins 春夏潮流童趣卡通手绘印花短袖打底衫 T 恤男女"这一标题中的"T 恤"就是一个类目词。

（2）属性关键词：表述产品某一卖点属性的词。例如，"特价 ins 春夏潮流童趣卡通手绘印花短袖打底衫 T 恤男女"这一标题中的"短袖"就是一个属性词。

（3）意向性关键词：表示买家搜索意向的词。例如，"特价 ins 春夏潮流童趣卡通手绘印花短袖打底衫 T 恤男女"这一标题中的"潮流"就是一个意向词。

（4）营销关键词：具有营销意义的词。例如，"特价 ins 春夏潮流童趣卡通手绘印花短袖打底衫 T 恤男女"这一标题中的"特价"就是一个营销词。

（5）长尾词：除了上述四类词以外，一些搜索量相对较少，但能展示宝贝特色的词，也可以用来组成关键词。例如，"中长款手绘短袖 T 恤女夏季宽松下半身失踪上衣"这一标题中的"下半身失踪"，这一类词被称为"长尾词"。

综上所述，一般标题的撰写可以参照如下公式：营销关键词+意向性关键词+属性关键词+类目关键词+长尾词。

至于关键词的选词问题，除了结合之前讲过的商品卖点提炼和 FABE 法则，充分挖掘商品自身的属性关键词外，还可以采用系统工具，如生意参谋等。这里推荐一种更为方便简单的找词方法：通过淘宝网首页搜索框来找词。具体方法：在搜索框中输入某关键词时，平台会自动打开下拉框，在下拉框中会有若干与输入关键词相关性很高的关联词出现。而这些关联词恰恰就是系统自动推荐的近期搜索量比较大的关键词，可以在撰写标题时有选择地使用。搜索下拉框选择关键词如图 8-51 所示。

图 8-51 搜索下拉框选择关键词

3. 商品价格与制定

商品价格的制定是商品经营过程中的重要决策内容。通常情况下，制定商品的价格要考虑多种因素，如商品成本、盈利目标、需求状况、竞争情况、经济发展情况等。在网购平台中，由于商品的成本及收入会受到各种营销活动的影响，网购用户对商品的价格又非常敏感，因此商品价格的制定更为复杂。

简单来讲，有三种主要的定价策略供大家参考。

（1）成本导向定价法。这是一种以单位成本的核算为基本依据，再加上预期利润来制定价格的方法。需要注意的是，单位成本必须包括变动成本和分摊的固定成本。例如，拟经营原创手绘 T 恤的网店，经过核算每件 T 恤的单位变动成本为 8 元，开设个人网店总共投入的固定成本为 1 万元，在销量 1000 件、目标利润 50% 的预期下，原创手绘 T 恤的价格可以确定为多少呢？采用成本导向定价法可以计算得出：

单位成本=单位变动成本+总固定成本/销售量

=8+10000/1000

=18（元/件）

单位价格=18×(1+50%)

=27（元）

上述是一种成本导向定价法，不考虑需求与竞争情况，因此需要慎重使用。

（2）竞争导向定价法。这是一种以竞争者的商品和价格为依据，再参考自身成本和供求状况来制定价格的方法。显然，这是以竞品价格为主导的定价方法，定价的自由度受到一定的限制，特别是同质化程度高的商品在网购平台中受到的价格因素影响会非常显著。

（3）需求导向定价法。这是一种根据消费者对商品的认知价值和需求强度进行定价的方法。相比较前两种方法，这种方法更关注买家需求。因此，从买家需求出发为其提供个性化或差异化非常强的商品，可以让网店经营者获得更大的定价自由度和可操作空间。

4. 商品属性与填写

在商品发布时，品牌、材质、产地、包装等内容都属于商品属性。不同商品的商品属性是不一样的，发布商品时必须认真填写。

首先，属性填写必须是真实有效的。尽可能描述出商品的特有性质，切勿任意捏造，如果填写错误，可能导致商品下架。其次，属性填写应该尽可能地完整。这其中除了平台设计好的必填属性以外，还有一些非必要填写的属性，对于这类属性也应该尽可能填写完整，越详细、越完整的商品属性越有利于提升商品的搜索排名。最后，属性填写应该与商品标题相关并保持一致。例如，商品标题"特价 ins 春夏潮流童趣卡通手绘印花短袖打底衫 T 恤男女"中显示了"短袖"这一属性关键词，但属性填写时如果将"袖长"一栏填写为"长袖"，系统则会检测判断，从而影响到搜索排名。属性填写应与商品标题相关，如图 8-52 所示。

图 8-52　属性填写应与商品标题相关

任务 5　管理维护网店

◆　**任务描述**

经过前期准备，个人网店正式上线运营，感兴趣的买家将会浏览网店及商品。此时，迅速解答买家的疑问，按时完成订单的发货及相关售后工作，才能将进入的流量真正转化为销量，为客户提供满意的购物体验。本节在了解订单交易状态的基础之上，完成客户咨询接待、订单发货等网店管理维护工作。

◆　**任务目标**

（1）能够了解订单交易状态与日常管理维护工作的基本内容。
（2）能够完成客户的接待和商品推荐工作。

（3）能够完成订单发货工作。

（4）能够理解买家评价的重要性。

8.5.1　工作流程

1. 学习优秀网店的客户服务方式方法

（1）搜索经营同类产品的优秀网店，针对某一具体产品咨询网店客服，学习客户接待的方式方法。

（2）结合具体产品，向客服提出有关产品质量、功能、使用方式、优惠活动等方面的问题，学习客服回答问题的方式方法。

2. 完成订单发货工作

（1）设置发货路径："卖家中心"→"物流管理"→"发货"，如图 8-53 所示。

图 8-53　设置发货路径

（2）选择发货订单，如图 8-54 所示。

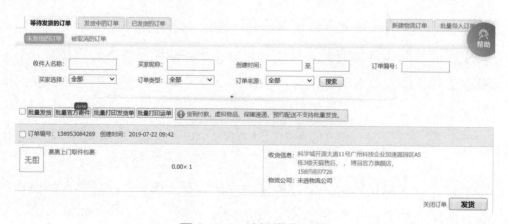

图 8-54　选择发货订单

（3）确认收货信息及交易详情，如图 8-55 所示。

图 8-55　确认收货信息及交易详情

（4）确认发货/退货信息，如图 8-56 所示。

图 8-56　确认发货/退货信息

（5）选择物流服务，如图 8-57 所示。

图 8-57　选择物流服务

8.5.2　知识与技能

1. 订单交易状态与日常管理维护

订单交易状态与日常管理维护息息相关。订单状态与日常管理维护见表 8-4。

表 8-4　订单状态与日常管理维护

订单交易状态	日常管理维护
（无订单）	1. 咨询接待
等待买家付款	2. 订单催付
买家已付款	3. 订单发货
卖家已发货	4. 物流问题咨询
交易成功	5. 订单催评

2. 咨询接待

客户服务的主要工作集中在对买家的咨询接待中。这一过程中，买家还没有下单购买，因此除了遵循前文提到的服务礼仪和规范之外，还需要尽可能地向买家推荐适合的商品，促使买家下单。推荐商品时，需要注意以下事项：

（1）发现买家需求，有针对性地推荐。

在咨询接待工作中，买家常常会主动发问，了解产品及相关信息。服务人员不仅要能够迅速准确地回复买家提问，还要通过这些问题，准确把握买家需求，提出有针对性的推荐方案。如果买家表述中没有能够明确表达购买意愿，服务人员也可能通过适当的询问来引导买家表达出真实需求。

（2）针对买家犹豫心理，及时有效引导。

在接待咨询工作中，如果发现买家存在犹豫心理，必须分析其原因，消除买家疑虑。例如，买家认为价格偏高，可以回应："亲，一分价钱一分货。您一定是相信我们的品质才来的。现在仿品非常多，您一定要注意分辨真假，不然买到质量不好的，也花了冤枉钱呢，您说是吧？"再如，买家对款式不太有把握，则可以回应："亲，您放心拍下，如果收到货后试穿不满意，我们支持 7 天无理由退换货。"

（3）在适当的时候进行关联推荐，提高买家客单价。

简单地讲，关联推荐就是在准确把握买家需求和商品特性的基础上，再向买家推荐其他商品的活动。常见的关联推荐思路有替代关联、互补关联、潜在关联等。例如，买家购买某款 T 恤，如果推荐同种风格的其他 T 恤，这就属于替代关联；如果推荐的是与 T 恤搭配穿着的短裤，则属于互补关联；如果推荐的产品是 Hip Hop 风格的饰品，则有可能是一种潜在关联。

（4）主动告知网店促销活动，推动买家下单。

如果网店正在进行促销活动，则应该将活动内容及时、主动告知买家。例如，当买家还没有做出购买决定时，可以在接待咨询的最后提示买家"您喜欢的这件商品正在参与天天特价活动，价格上是很划算的，而且出货量很大，如果您看中的话一定要及时拍下哦"。

3. 订单发货与物流问题咨询

当买家完成付款后，订单状态更新为"买家已付款"。此时，需要卖家在后台完成订单发货的工作。此项工作主要包括三步：

（1）确认收货信息及交易详情。需要卖家核对订单信息的正确性。部分客户对商品提出特殊要求，可以在此处进行备注。还有客户在发货之前提出修改收货地址的要求，也可以在此处修改完成。

（2）确认发货/退货信息。需要卖家正确填写发货及退货地址，因地址填写不正确导致的货物无法退还由卖家承担责任。

（3）选择物流服务。卖家根据自己的实际情况选择合适的物流服务方式。一般情况，"在线下单"是一种常用的方式。如果网店的经营模式是代销，则物流服务应该选择"自己联系物流"方式，填写代销厂家发货的订单号即可。为了鼓励绿色节能环保的生产经营方式，淘宝网还提供了"无纸化发货"方式。

物流形式方面，快递发货是目前卖家采用最多的一种物流发货方式。国内主要的快递公司有顺丰快递、申通快递、中通快递、圆通快递、韵达快递等。此外，还可以选择 EMS 发货。EMS 的最大优点是覆盖范围广泛，很多偏远地点 EMS 都可以送达。对于卖家而言，应该对比不同物流公司的物流费用、覆盖范围、人员素质和服务能力等，选择适合的物流公司。当卖家完成发货后，订单状态即更改为"卖家已发货"。

在此期间，买家可能咨询有关物流的相关问题。特别是在平台大促期间、节假日期间或遇到极端天气或特殊事件时，物流问题往往比较集中。例如，网店发哪家快递、什么时间发货、预计到达时间等，都需要卖家耐心细致地加以解答。

4．买家评价与订单催评

当买家收到商品后，如果对商品和服务表示满意，可以在 10 天之内签收货物并确认订单（逾期系统将自动完成确认订单）。确认订单后，交易状态更改为"交易成功"，此时买家可以在 15 天内对商品进行评价，超过 15 天，评价入口将自动关闭，系统不会默认评价。评价机会只有一次，中差评有一次修改或删除的机会。在评价基础上，交易成功后 180 天之内，针对大部分商品买家还可以进行一次追评。具体来讲，买家进行评价时，小红花代表对卖家的认可，可以为卖家增加一个信用积分；黄花则代表不加分，黑花代表减一分。除此之外，还有一组网店动态评分，评分指标包括宝贝与描述相符、卖家的服务态度、物流服务的质量三项。此三项均以 5 星方式进行评价。

买家评价对卖家而言非常重要，它不仅会因其口碑作用直接影响到其他买家的购买决定，还是淘宝评价体系当中直接影响网店评分的重要因素。例如，前文提到的小红花加分的卖家信用积分，将直接决定卖家累积信用。淘宝网对卖家的累积信用实行等级评分方法。再如，网店动态评分，又称 DSR 评分，系统将统计连续 6 个月以来所有买家对网店评分的平均数，并与同行业网店的均值进行比较，如果低于均值显示为绿色，高于均值显示为红色。卖家累积信用和 DSR 评分情况都将显示在网店醒目位置，高信用网店和高 DSR 得分的网店在运营时能够获得很大的竞争优势。卖家累积信用等级评价规则如图 8-58 所示。网店信用等级及 DSR 评分展示如图 8-59 所示。

4分-10分	♥
11分-40分	♥♥
41分-90分	♥♥♥
91分-150分	♥♥♥♥
151分-250分	♥♥♥♥♥
251分-500分	♦
501分-1000分	♦♦
1001分-2000分	♦♦♦
2001分-5000分	♦♦♦♦
5001分-10000分	♦♦♦♦♦
10001分-20000分	♛
20001分-50000分	♛♛
50001分-100000分	♛♛♛
100001分-200000分	♛♛♛♛
200001分-500000分	♛♛♛♛♛
500001分-1000000分	♚
1000001分-2000000分	♚♚
2000001分-5000000分	♚♚♚
5000001分-10000000分	♚♚♚♚
10000001分以上	♚♚♚♚♚

图 8-58　卖家累积信用等级评价规则

图 8-59　网店信用等级及 DSR 评分展示

买家评价如此重要，但有部分买家在收到商品后可能会疏于评价。这部分买家当中有很大的比例是对商品和服务比较满意的买家。因此，必须通过平台客服工具或其他方式积极催评，调动买家参与评价的积极性和主动性。重视每一次交易，服务好每一个买家，为网店积累信用，提高评分，小小的个人网店就会由小到大，一步一个脚印地走向成功。

考核评价

◆　考核项目

本项目为小组合作完成，学生组成 4 人合作小组，推选出组长，组员在组长带领下共同协商分工完成项目任务。完成后小组推选一名代表展示项目成果并进行项目分工说明，由老师及其他小组打分，评定出的成绩记为小组成绩，个人成绩由分工系数与小组成绩的乘积计算得出。

具体考核项目如下：

（1）注册开设个人网店。

网店经营产品自拟。可根据不同专业选择商品或服务，如农产品、旅游项目、工艺品及个性化服务等。

（2）网店标志制作。

要求制作 1 张大小适宜、比例精准、没有压缩变形的网店标志，能体现网店所销售的商品，设计独特，具有一定的创新性。

（3）网店招牌制作。

要求制作 1 张大小适宜、比例精准、没有压缩变形的网店招牌，突出网店形象，简明扼要地对网店进行最有效的阐释。

（4）海报制作。

要求制作 1 张大小适宜、比例精准、没有压缩变形的海报，海报主题与网店所经营的商品具有相关性，设计具有吸引力和营销导向。

（5）商品图片设计。

要求制作 2 张大小适宜、比例精准、没有压缩变形的商品图片，能较好地反映出该商品卖点，对顾客有很好的吸引力，保证图片有较好的清晰度。

（6）商品详情描述设计。

要求大小适宜（符合平台要求）、比例精准、没有压缩变形，符合描述逻辑，能够尽可能包含商品信息、商品展示、促销信息、支付与配送信息、售后信息等内容。

（7）上传产品信息。

要求撰写产品信息文档，内容包括商品类目、商品标题、商品价格、商品属性等产品信息。上传所有图文信息，完成个人网店开设。

◆　**评价标准**

根据项目任务的完成情况，从以下几个方面进行评价，并填写表 8-5。

（1）方案设计的合理性（10 分）。

（2）设备和软件选型的适配性（10 分）。

（3）设备操作的规范性（10 分）。

（4）小组合作的统一性（10 分）。

（5）项目实施的完整性（10 分）。

（6）技术应用的恰当性（10 分）。

（7）项目开展的创新性（20 分）。

（8）汇报讲解的流畅性（20 分）。

表 8-5　评价记录表

序号	评价指标	要求	评分标准	自评	互评	教师评
1	方案设计的合理性（10 分）	各小组按照项目内容，对项目进行分解，组内讨论，完成项目的方案设计工作	方案合理，得 8～10 分； 方案需要优化，得 5～7 分； 方案不合理，需要重新讨论后设计新方案，得 0～4 分			
2	设备和软件选型的适配性（10 分）	各小组根据方案，对设备和软件进行选择和应用	选择操作简便，应用简单的设备和软件，得 8～10 分； 满足项目要求，但操作不简便，得 5～7 分； 重新选择得 0～4 分			

续表

序号	评价指标	要求	评分标准	自评	互评	教师评
3	设备操作的规范性（10分）	各小组根据设备和软件的选型进行操作	能够规范操作选型设备和软件，得8～10分； 没有章法，随意操作，得5～7分； 不会操作，胡乱操作，得0～4分			
4	小组合作的统一性（10分）	各小组根据项目执行方案，小组内分工合作，完成项目	分工合作，协同完成，得8～10分； 组内一半人员没有参与项目完成，得5～7分； 一人完成，其他人没有操作，得0～4分			
5	项目实施的完整性（10分）	各小组根据方案，完整实施项目	项目实施，有头有尾，有实施，有测试，有验收，得8～10分； 实施中，遇到问题后项目停止，得5～7分； 实施后，没有向下推进，得0～4分			
6	技术应用的恰当性（10分）	项目实施使用的技术，应当是组内各成员都能够熟练掌握的，而不是仅某一个人或者几个人会应用	实现项目实施的技术全部都会应用，得8～10分； 组内一半人会应用，得5～7分； 只有一个人会应用，得0～4分			
7	项目开展的创新性（20分）	各小组领到项目后，要对项目进行分析，采用创新的手段完成项目，并进行汇报、展示	实施具有创新性，汇报得体，得16～20分； 实施具有创新性，但是汇报不妥当，得10～15分； 没有创新性，没有汇报，得0～9分			
8	汇报讲解的流畅性（20分）	各小组要对项目的完成情况进行汇报、展示	汇报展示使用演示文档，汇报流畅，得16～20分； 没有使用演示文档，汇报流畅，得10～15分； 没有使用演示文档，汇报不流畅，得0～9分			
总　分						

小组成员：_____